Idea man

Idea man

本番でアタマが真っ白にならないための
人前であがらない37の話し方

人前不會緊張的
37個說話術

輕鬆開口、不再怯場！
提升溝通力，主動出擊的超強說話力！

多摩美術大學教授・前 博報堂DY執行創意總監
佐藤達郎———著

陳美瑛———譯

前言

我也曾經是個口才笨拙，在人前就緊張到說不出話的人

「佐藤先生，為什麼您的口才這麼好呢？」

曾幾何時，也開始有人這樣稱讚我了。

現在的我在簡報中每戰皆捷，在世界舞台上以日本代表的身分用外語發表談話，在會議中流利地表達自己的想法，在談判或討價還價的場合中順利地與對方對話。

為了能在職場上有所成就，我在工作中一邊艱苦奮戰，一邊努力學習，並且磨練自己的說話技巧。

如果是現在，我就能夠回答開頭的那個問題。然而若是以前的我，我可是

口拙到連這種問題都無法問出口，因為我深深以為問這種問題是非常丟臉的。

年輕時的我，為什麼總是說不好話呢？

那時候，我自己也搞不清楚為什麼會這樣。總以為「我的個性就是如此，這也是沒辦法的事」，或是「就算被說口才笨拙，做不來的事就是做不來」。

但如果是現在，我可以很清楚地知道答案。

答案就是——因為「不知道方法」。

另外，也因為誤以為其實無效的做法是正確的，所以「一直往錯誤的方向努力」。

如果不知道有效的方法，卻一直往錯誤的方向努力，不僅不會帶來預期的成果，反而更強化自己口才笨拙的認知。

舉例來說，為了想讓自己流利地發表言論，所以一直在意默背的內容，一旦某個地方卡住了，腦袋就呈現一片空白……其實，這時就已經犯下大錯了。

只要掌握本書介紹的方法，任誰都能夠在他人面前侃侃而談。我為了想讓更多人學習這些方法，因而提筆寫下這本書。

我是如何從口才笨拙變成善於言詞的呢？

我既不是教演講的老師，原本的工作更不是主播。

年輕時的我口才笨拙、沉默寡言，也是容易緊張焦慮的人，所以非常討厭需要口才的業務工作。正因為如此，我付出大把的努力，以只要動手寫，不用開口說話的文案撰寫為目標，最後總算如願進入廣告公司工作。

然而，實際的狀況卻與我想的截然不同。所謂的文案撰寫，必須在會議中發表自己的想法以獲取大家的認同。久而久之，做簡報成為主要的工作內容。如果在他人面前無法開口說話，當然就無法獲得預期的成果。

我當時拚命地努力，每天都覺得非常痛苦、鬱卒，有時還會掉眼淚。即便如此，我還是想方設法努力改進。後來就把提昇說話技巧當成一種遊戲，開始研究說話這件事。

如果當時有人可以商量，或許進步速度會快一點，不過在工作場合中沒有這樣的人可以幫助我，於是我就設法自學。我觀察別人的做法、在工作中學習、嘗試執行、修正錯誤並且付諸實踐。透過這樣的方式，慢慢地，我變得比較會說話，工作也看出成果了。

利用三十七種技巧改變努力的重點，任何人都能夠擁有好口才！

在本書中，我把長年以來累積的方法歸納為三十七種，任何一種方法都能夠立即上手。還有，這些方法簡單易懂，也容易執行，對你的工作一定會有所幫助。

有些方法可能完全顛覆一般人的常識，不過只要學會了就能使用，都是非常實用的技巧。本書不打算像坊間的書那樣，教你如何口沫橫飛地說話，本書教你的都是對工作馬上有助益的實用技巧，讓你在公司內部的會議或是對客戶提案時能有效率地開口說話。

當你必須在眾人面前發表談話時，對方的反應將與以往截然不同；發表談話後回答尖銳問題時，你也能夠游刃有餘地回答，瞬間提昇簡報的成功率。

我現在享受的成果、體驗過的心情與轉變，希望你也能夠跟我一起共享、一起改變。

佐藤達郎

目次

第1章

正因為口才笨拙，所以不需追求完美

擺脫惡性循環的第一步

第2章

跟緊張到無法說話的自己說掰掰
口才變好的八項領悟

第3章

只要記住招式就能夠輕鬆開口說話

人前說話不發抖的十大技巧

第4章

再也不哭泣！再也不焦慮！

為了演出成功 應該做好的十二件事

序章

口才不佳的男人
選擇的職業是「文案撰寫」

在餐廳裡訂餐、向警察問路、在聯誼中聊天……
無論是哪種場合都會緊張，
無法好好說話——我就是這樣的口拙。
本以為找到一個書寫的工作，可以過著幸福的日子，
沒想到在人前說話的機會反而變得更多，
每天過著如地獄般苦不堪言的日子。

在私人場合說話也有障礙的笨嘴男

我的名字是「佐藤達郎」。不過，在這本書中，請叫我「笨嘴男」。

年輕時的我口才真的超差，是那種沉默寡言又安靜的性格。在樂團中彈奏貝斯吉他的我，總是被形容為「很有貝斯手風格」，也就是那種陰鬱、面無表情的人。

當我去新宿或澀谷等熱鬧的商業區，問路都會心跳加速。感覺警察看起來很恐怖，也不知道該如何開口問話。

如果是現在的自己，不就是問一句：「請問去〇〇要怎麼走？」就好了嗎？現在想起來都覺得不可思議。

當時的我就是無法開口說話，對於開

口這件事感到很痛苦，情非得已只好拜託朋友去幫我問路。

在餐廳點餐也是一樣。我不敢叫服務生過來，明明就只要招手示意「點餐」就好，但可能是聲音太小了吧，忙碌的服務生馬上就走到別桌去。就算招手希望服務生「看我一眼！」，也總是被忽略。朋友看不下去，就會幫我叫服務生。

大學時代我也曾經參加過聯誼會。不過，我一樣無法自在地與人攀談，說沒兩句話就語塞……內心不斷焦急地提醒自己「一定得說些什麼、一定得說些什麼」。就算問對方問題，對方也回了話，然後對話就此打住，坐在身邊的女孩子心情也被搞得不甚美妙。

看到對方一臉無聊的樣子，內心越發感到緊張，最後嘴巴竟不自覺地說出：「真抱歉，我說不出有趣的話。」這話使得現場氣氛更加尷尬——唉，現在想起來，還是覺得很痛苦。

在聚餐的場合中，若是被要求「表演一下才藝嘛！」，也是讓我超級痛苦的。到底要表演什麼才好？笑話我一個也說不出來，腦中完全沒有題材可用。

基本上，我討厭在眾目睽睽之下做些什麼事。因為感覺很丟臉而什麼都做不出來。

朋友中有人總是有許多話題可聊，一出場就能夠成為眾人的目光焦點。我很羨慕那樣的人。那時，我總是低頭祈禱：「千萬別點到我啊！」

不過，即使是這樣的我也是有擅長的技能，那就是「寫作」。我在我們的樂團中負責作詞。

「既然如此，那就以書寫為業吧！」

當我得知文案撰寫這個工作時，內心欣喜若狂，我對自己說：「就是這個工作了！」如果能夠努力提高寫文案的技能，就可以避開說話這種令我痛苦的事了。這樣應該就不用口沫橫飛地推銷自己！只要寫出好文案，瀟灑地丟到會議桌上，大家一看就「哇——」表示佩服，或是說「這個想法太棒了！」，然後工作就完成了——我腦中浮現這樣的畫面。

我以文案撰寫為目標是因為——

「可以不用說話」。

「不用靠說話決勝負」。

我帶著這樣的幻想參加文案撰寫課程，還獲得幾個優勝獎。

這時候機會來了，我有機會與某家廣告代理商的創意總監見面，於是我帶著獲獎的文案作品前去面試。對方告訴我：「如果你來我們公司，我就聘用你。」

以文案撰寫為第一志願的我相信了對方的話，其他公司連試也沒試就前往這家公司應試。我幸運被錄取，也以文案撰寫的工作踏出社會新鮮人的第一步。接下來我的人生應該是一片美好才對，然而，現實卻完全相反。就讓我說說我的苦難遭遇吧。

每天都在廁所裡哭泣

原本以為寫廣告文案「就是我的天職」，然而，我卻逐漸明白在廣告公司中，無論負責哪項工作，說話都是必備的重要技能。文案寫得再好，只把文案往會議桌上丟是無法完成工作的。

首先，好的文案並不是任何人來看都是好的，每個人的看法會因為課題、狀況而有所改變。所以，就會遇上「你來說說看為什麼這個文案適合這個課題？」這樣的狀況。

天哪，我每天上班都好想哭喔！

當時的主管並非正直且讓人尊敬的人。對我而言，那個人教我的廣告理論是過時的八股，我也覺得他要求我重新思考的方向都不明確。這該怎麼辦？我真的不知道！

有一次我覺得那位主管的指示非常不合理，我內心吶喊著：「這是不對的，太奇怪了！」

但我卻是全身僵硬地低聲說：「嗯。」主管丟下一句：「總之你照我說的改就對了。」然後揚長而去。

我感到很懊惱，怒火上升。不過，比起這人的頤指氣使態度，我更氣的是自己無法反駁。

明明我確定對方是「不對」的，卻無法適當地提出自己的想法。內心深處覺得自己超沒用的，眼眶溢滿淚水。

我衝去洗手間。一進入廁所個人室，才剛上鎖，斗大的淚珠就滴下來，嗚嗚地哭出聲音。都這麼大的人了，還躲在廁所裡嗚嗚地哭出聲音……。

無法確實說出自己腦中的想法，無法完整地對主管簡報、發表言論，這樣的狀況讓我感到非常的掙扎與難過。

一句「真是無趣啊」，讓我對說話心生恐懼

除了面對主管之外，在會議中無法隨心所欲地發言，也對我造成極大的壓力。在會議中，不只是文案，我們還要提供自己的創意，作為電視廣告的企劃素材或是海報的視覺素材。

但是，我就是無法發言。

我本來就是對自己的想法沒有信心的人。「如果說了這些，會不會被視為能力很差？」、「該不會只有我自己覺得這點子不錯吧？」無論我想到什麼點子，腦中總會出現這些負面的想法。

在這當中，會議持續進行著。當某人結束發言後有一點空檔，我知道一定要在這時發言，一定得說些什麼，心臟跳動逐漸加劇。內心噗通噗通地跳著，現在我仍然感覺得到那樣的緊張狀態。

當我終於鼓起勇氣跨越內心的障礙，發出聲音「那個……」就在那一瞬間！坐在我對面的前輩搶先說出了他的想法。「啊～～」我又把話吞了回去。

只要是那種時候，前輩的發言都會受到好評。「這個想法真不錯呢！如果是那樣做的話，不是會更有趣嗎？」、「這個點子很好啊。若是這樣的話，再多加一點……」大家熱烈地討論起來，我完全失去發言的機會。

即便是這樣的狀況，我在不斷出席的會議中，也逐漸學會設法找到空隙發表自己的意見。當然，內心還是緊張不已。我克服躊躇不前的想法，一邊感到不安，一邊說出自己的想法。

前輩的類型各有不同，有的會含糊地說「這樣啊」、「這樣好嗎」等，也有人會直接忽略我的想法，當然也有人會找出好的部分卻不採用。

其中也有人說話很直。與那樣的人開會，對方就會直接說：「這點子了無新意！」然後結束。

好不容易鼓起勇氣說出口的意見，聽到他一句「這點子了無新意」，「啊……」於是我馬上閉嘴。說這想法不夠好的前輩帶著微怒的神情，繼續說出自己想到的點子。

這一句「這點子了無新意」影響甚大。在那之後有好一陣子，我對於開口發言就更感到畏懼了。

不過，公司不需要在會議中不發言的人。這樣的人無法生存，也無法殘存。我為了設法克服發言恐懼症，每天痛苦掙扎著。

隨著年資增長，變得不得不發言

又過了幾年，我也變得要參加創意團隊的會議或是與其他部門共同出席會議。這些會議也需要發言，但是我還是無法開口。我不知道該在哪個時間點發聲才好。跟不上會議流程讓我感覺相當苦惱。

當我年過三十五，職位升上創意總監。創意總監的重要工作就是「做簡報」。天哪！我明明就是因為不擅長在他人面前說話，才選擇這個工作、這家公司的。

就算不擅長說話，也能夠在工作中游刃有餘，所以寫文案對口才笨拙的我來說就是天職。我當初就是這麼想，才會努力學習，也終於爭取到寫文案的工作，然而隨著年資的增長，發言的機會卻越來越多。

過了三十歲之後，發言已經成為工作的重心了。早知如此，我當初就應該多多訓練說話，或是應該去參加口才課程、訓練營才對。

或者我原本就應該找一個需要說話技巧的工作才對。只是，我早已經過了在工作中打拚衝撞的二十多歲的年代。事到如今還要說自己不擅長說話，這都會影響自尊心以及我在職場上的立場，也無法找人商量。只要一想到每天都要過著胃快要被掏空似的緊張生活，未來幾十年的工作生涯就一片黑暗。

為什麼我變得能夠站上世界舞台發表談話？

口拙的我在過了四十歲之後，變身為善於表達的人。與競爭廠商的談判每戰皆捷，被稱為連勝男。我那麼討厭的「說話」，曾幾何時卻成為自己在商場上的強大武器。

就算在喝酒聚餐的場合，我也能夠說得口沫橫飛，跟我在一起就會感到開心的人好像也不少。有人甚至還問我：「到底是什麼時候學會說話技巧的？」學生時代聯誼的窘境，宛如夢一般的不真實。

二〇〇四年，全球最大的國際廣告競賽坎城國際創意節（Cannes Lions）中，我受邀擔任最受矚目的廣告影片獎的日本評審。我與來自世界各國二十二位擁有投票權的評審們以英語討論，為日本的作品得到更高分數做出貢獻，在決定首獎時完成重要任務。

在這樣的討論會議中，要在哪個時間點注意什麼事情再發言，無論是日本或國際的會議都一樣。一直以來培養的會議發言技巧，終於能夠充分運用在國際的舞台上。

另外，二〇〇六年在泰國亞太廣告節（AdFest）中，我也在七百位參賽者面前以英語發表談話。當時我與另一位女同事在研討會中大約說了一個小時。根據聽眾填寫的問卷結果得知，我受歡迎的程度居上位。那時我已經完全不抗拒在眾人面前說話這件事了。

笨嘴男為了脫胎換骨，到底做了些什麼呢？以下我歸納三點：

一、在工作上「不得不發言」是真心話。既然遇到了也沒辦法。管他是稻草還是什麼，要一邊緊抓著不放，一邊提昇自己的說話能力。

二、把「說話」視為一種遊戲、比賽或是技藝。要抱持著興趣學習規則或技巧。

三、自己要下功夫學習。研究對方會在什麼情況下點頭同意？如何回答比較好？該怎麼做才會成功？長久下來，自然會理出自己的法則與技巧。

戰勝每天哭泣的日子

我想，口才變好的理由是那一段每天哭泣的日子。

如前所述，我天生嘴笨，在人前很容易緊張，所以很害怕說話。正因如此，我會有意識地研究做簡報或說話方式，琢磨自己的表現好不好，或是根據別人的反應不斷修正。

現在回頭想想，我不逃避缺點並且勇於面對，這樣的態度是對的。我想，現在讀著這本書的你應該也跟我一樣，改變的想法開始萌芽了吧。

本書介紹的各種技巧，都是我下功夫一項一項實際嘗試，並且不斷修正後所集結的成果。

激發我做這件事的動機是什麼呢？

就是那時候的懊惱心情。明明內心激動卻無法確實答辯的懊惱。就算別人要求「你說明給我聽聽看啊」，窩囊的我也只能含糊地回答。做簡報時，一旦被人戳到痛處，自己就變得語無倫次，冷汗直流，那是我最痛苦的時候。

後來，就如字面所形容的，我被逼到懸崖邊緣，在生死關頭拚命設法存活下來，整個人因此產生極大的改變。

我待的廣告界常被形容是絲毫不可大意的世界。如果比稿一再失敗，不僅會丟了業績，連公司也待不下去。

就算是被客戶指名發包的案件，如果客戶不同意提出的想法就不能發下去製作。即便如此，廣告播出的日子通常都已經決定好了。如果今天再得不到客戶點頭同意，就會來不及上廣告。都已經提案三次了，客戶還不做決定等等。也是為了脫離那種千鈞一髮的狀況，為了能在業界存活，我明白無論如何，做簡報或是做報告的技巧，都是在廣告業界存活下去的必備技能。

客戶只看到廣告的「創意」就必須做決定，他們無法看到完成的作品再決定。當然，他們也是根據我們提交的企劃案來判斷。即便如此，最終還是少不了他們對我以及團隊的信任。

基本上，這與我們平常購買商品或服務的情況一樣。買方一定會實際確認「生活中需要這項產品或服務」之後，才會掏錢購買。

若是這麼想的話，做簡報或報告的最終目的就是獲得聽者的「信賴」。

因為焦慮症以至於在他人面前說話都會發抖的我，變得敢開口說話，光是這樣就得救了。以我的情況來說，這又為我的工作帶來完全不同的發展。

反正聽者是別人，只要這樣切割就好。但是工作上不能這麼想。

在他人面前無法好好開口說話的我，能夠代表日本在世界舞台上發表談話，這是我做夢都沒想過的事情。不過，這也是因為我脫離了那些痛苦的日子之後才能辦到的。

我想有許多人都跟我以前一樣，口才不好而無法在工作上流利地表達想法。至今我仍舊記得當時沒人可商量的痛苦心情。針對這樣的人，如果我研發的說話技巧能夠有一些幫助，那就太好了。

第1章

擺脫惡性循環的第一步

正因為口才笨拙，所以不需追求完美

容易想像失敗的自己，卻無法想像自己成功的畫面。
這是因為在看到自己成功的樣貌之前，
你期盼失敗的自己能夠做些什麼以扭轉情勢。
其實你要做的是捨棄對自己的負面印象。
請先透過以下的技巧開始改變吧！

1 別再死背原稿

希望自己能夠像口才好而廣受好評的部長那樣，說話流利而順暢。看稿說話看起來就是很不會說話的樣子，我不喜歡那樣，所以乾脆默背原稿。因為不擅長說話，所以自己必須付出相當的努力。請問你是否也這麼認為呢？

不擅長在他人面前說話的人，有許多其實都是很認真、很努力的。不允許自己失敗，所以就把要說的話死背起來。不過，若想要口才變好，最重要的第一件事就是「別再死背原稿」，否則你努力的方向完全錯誤。

實際上口才好的人是不會死記要說的話。專業人士、能夠自由自在旁徵博引的人，他們只是從過去的經驗找出要說的話而已，**絕非靠前一天努力地死記硬背**。

而且，他們會看一下筆記並且流利地發表談話。就算看筆記，也不會讓人感覺口才拙劣。舉例來說，電視上美國政府發言人發表談話時，沒有人默背原稿。他們偶爾會看一下手上的筆記，然後流利地發表談話。

我也曾經試圖採用死記的方式。不過，腦袋總記不住背誦的內容。就算反覆練習也無法流利說出口。即便費盡功夫記住大部分的內容，也會在一、二個地方卡住。**「這點一定要記住！」越是這樣提醒自己，該部分越會產生「痛苦關卡」**。

有了那樣的經驗，我想死背這個方法可能行不通吧，明天開會還是不要默背內容好了。結果開會時說話反而意外地流暢！但同時我也明白如果事先不做準備，內心就會感到不安。只是，**「準備」並不等於「死背」**。

最好不要背誦原稿的理由有四：

1 「完美的背誦」本來就很難辦到

必須付出龐大的心力。通常無法完美達成。一旦做不到完美就會感到挫折。這麼一來，對於在他人面前說話這件事就會感到更痛苦。

2 只要有一個地方卡住就會影響整體

假設默背時第七行總是記不住，在現場發言時就會提醒自己第七行一定要記得。這樣反而造成內心更加不安，一旦忘記就會變得恐慌。

3 「好不容易記起來」的背誦內容無法應付意外狀況

「說話順序改變」、「被要求簡短說明（或詳細說明）」、「會議一開始，部長就告知討論方針有了重大改變而被迫應對」等等，在職場上意外狀況經常發生。對於這些變動狀況，「死背」的內容就無法隨機應變。

4 試圖記起背誦的內容

演講要配合各種外在因素才能成立，除了回想背誦內容之外，還有許多需要費心關注以及耗費心力的事情。說話時可以一邊看著筆記，也應該同時注意周遭的環境以及聽者的反應。

那麼，如果不死背內容的話，該怎麼做才好呢？

我採用的方式是**「只寫重點，一邊說話一邊看筆記」**。假設寫了五項重點，我只要用眼睛掃一下就能夠讀取全部的內容，這樣就不會發生不知現在說到哪裡而造成恐慌的窘境，也可以預防說話順序變得混亂的情況。

另外，有時候也會在重點筆記之外，另外寫一份完整的說話內容。萬一在眾人面前突然腦中一片空白，只要拿起預先準備的內容照著念就好了。光是這

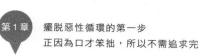

圖1

停止死背原稿的四個理由

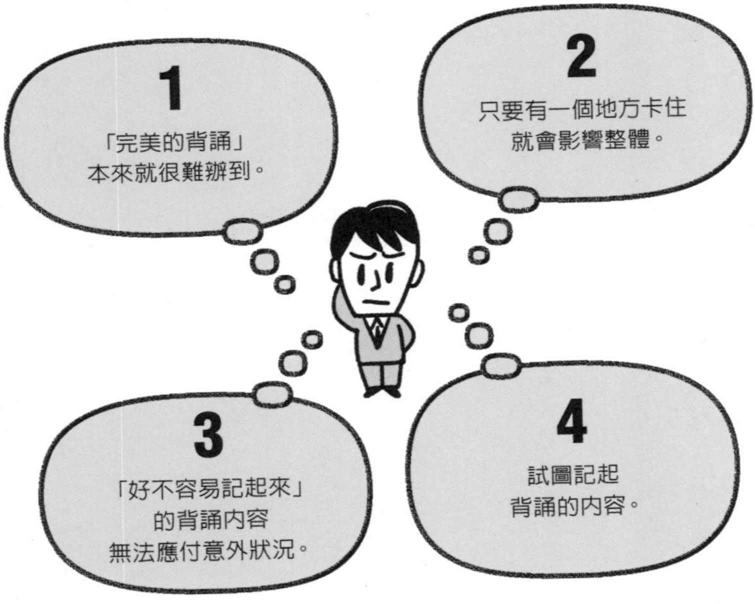
1
「完美的背誦」
本來就很難辦到。
2
只要有一個地方卡住
就會影響整體。
3
「好不容易記起來」
的背誦內容
無法應付意外狀況。
4
試圖記起
背誦的內容。

CHECK!

死記完全沒有好處。建議只做重點筆記，說話時偶爾瞄一下筆記。若這樣還是感到不安，可以預先寫一份完整的說話內容放在身邊，萬一需要的時候就可以派上用場。

麼想就能夠覺得安心。一旦感覺安心，就能夠定下心來說話。這也就是所謂的平安符啦。

無論如何，請先從「停止死背原稿」做起吧。

2 不要執著於固定模式

不擅長說話的人會試圖記住固定的「說話模式」。

正因為不擅長說話，所以會依賴固定模式，希望藉此而有所助益。可以說，這種人希望透過記住固定模式的方式確保對話的「最低要求」。

那樣的心情我有過刻骨銘心的體會，而且暫時學些固定模式也沒有什麼壞處。不過，「使用固定模式」不容易做出好的演說或簡報，而且一旦過度執著固定模式，將無法從拙於言辭的認知中抽離出來。

許多人在輪到自己說話時，會突然以「哎呀，今天天氣真好」這種僵硬的開場白起頭，我稱之為「今天天氣晴的演講」，或是下雨天時，就會以「今天天氣不好，感謝各位前來……」作為開場白。

不過，「使用固定模式」說話不會引發對方的興趣。請站在聽演講、簡報的人的立場想想，應該不會有人想聽生澀、制式的開場白，大部分的人比較想聽演講、簡報的精彩內容吧。

另外，**一旦說話生澀僵硬，對方的態度也會跟著強硬**。好比是雙手交叉胸前、皺起雙眉擺出架式，以批判的態度聽取我方說話，檢查說話內容是否有錯、是否有幫助等等。

因此，**請放棄「依循固定模式說話」的想法吧**。

不是誰要求你用這樣的口吻說話，而是以自己平常的語氣說話。

別再使用固定的順序或制式用語。無論是環境分析、競爭分析、提案內容、歸納整理等等，我想大部分的人對於每天聽到的「固定模式」都已經感到非常厭煩了。

在此為各位介紹三項說話的重點，而非「固定模式」。

1 最開始的一句話也好，試著說些非「固定模式」的話

今天早上看電視新聞留下的印象、看報紙發現自己在意的報導、在通勤電車上看到的一幕、歸納整理企劃書時浮現腦中的想法等等。就算只有一句話也沒關係，請說出非固定模式的一句話。

2 說說浮現腦中與提案無關的事情

例如，談判對象今天繫的紅領帶與以往不同，就直接說出腦中的想法：

「部長，您今天的領帶很亮眼呢！」

圖2

不要執著於固定模式的說話訣竅

最開始的一句話也好，試著說些非「固定模式」的話

「我看今天的
報紙提到……」

「來公司的路上，
我看到一隻大型犬……」

說說浮現腦中與提案無關的事情

「部長，您今天看起來
蠻亮眼的呢。」

「入口處的氣氛
變得不一樣了。」

避免使用不知從哪裡聽來的「老套」用語

「下雨天，
感謝您的大駕光臨。」

→

「下雨天，謝謝您能前來。」

「現在外面的雨勢如何？」

CHECK!

如果使用制式的開場白會造成對方態度僵硬，要提醒自己捨棄僵硬的制式用語。

3 避免使用不知從哪裡聽來的「老套」用語

對於下雨天還前來光顧的顧客，捨棄「下雨天感謝您的大駕光臨」這種僵硬的制式用語，就簡單地說「下雨天謝謝您能前來」，或是「現在外面的雨勢如何？」等等。

當你想說「感謝貴公司惠賜此寶貴經驗」，不如想想你平常說話的語氣，改成：「今天非常高興有這個機會向您提案。這是我精心策畫的企劃案，請務必列入考慮。」

無論是演說或簡報，都沒有「正確的說話模式」。

通常把話說出口時，應該就已經歸納好說話內容的架構了。倒不如說，提醒自己「捨棄慣用模式」，才能演出一場精采的演說。

3 不要試圖詳盡說明

為了讓對方瞭解而不斷重複說明，但是對方還是無法明白。

「總之就是要詳盡說明」，有人以為這是做簡報的終極目標。

明明你就是想方設法試圖說明清楚，對方卻只會嗯嗯地回應，不知道到底聽懂多少。不僅如此，甚至還有人一臉無趣地左顧右盼。相信各位多少都有過類似的經驗吧。

「如果詳盡說明」對方就會接受提案。這種想法基本上就是一個誤解。

以前我也試圖鉅細靡遺地說明整個企劃案的內容，但是一看到對方板著一張臉，內心就開始焦慮，嘴巴開始打結，於是更想要費點唇舌說明清楚。總之，就是受不了現場的沉默氣氛。腦中想到的解決方法就是不斷地重複說明。

「詳盡說明」有時會使情況更加惡化，理由有三：

1 一般人在做決定時，不是憑藉一切的資訊，而是藉由某項重點而決定的

想想你在買東西的時候，如果有人提供意見，從頭到尾仔細研究對方意見的人應該不多吧。因為大半的提案、商品或服務是無法完全滿足每一個人的。一般人做決定的依據是「感覺喜歡」、「從某些正面的意義來說覺得有興趣」。

2 不OK的理由可能是其他部分的重點

每個人以負面意義解讀在意的重點各自不同。「大致上是可以，不過那個地方我有點不滿意」、「是沒有什麼不好，不過我無法做出決定」。在提案

中，找出這樣的重點並且適當應對是非常重要的。

3 如果「試圖詳盡說明」，將會減弱對於重點的提示或應對

把提案、商品或服務的優點作為重點提示，幫助對方容易選擇，這樣做比較體貼，或者必須找出對方無法決定的理由，並做出適當的應對。

如果老是在意必須「詳盡說明」的話，你就沒辦法做到那麼周全。

現在的我經常會看著聽簡報者的動向，特別是盯住握有決定權的關鍵人物的表情或動作。

大致上說明一遍之後，觀察對方的反應。如果對方的表情僵硬，就要設法提出問題，藉以找出對方神情僵硬的原因。

或者就算在說明當中，也要積極回答對方的提問。如果對方看起來對某部分感興趣，這時就可以問對方：「是不是有在意的部分？」看看對方會如何反應。

越是優秀的對手，只要看看企劃書大概就能夠瞭解說明的內容。既然都已經瞭解內容了，還要聽對方「重複說明」，內心可能很想大聲吶喊：「這些我都知道啦！」

另外，就算對方不完全瞭解提案內容，也不見得完全瞭解之後就一定會同意你的提案。

不擅長做簡報的人總是想說明清楚。然而，簡報的重點並不是「說明」。

那麼，**做簡報是為了什麼呢？做簡報的用意是為了影響對方**。

關於這點，演講也是一樣。

在有限的時間內塞入太多內容的話，說話速度就會變快，總之就是想把話通通說完。這種情況經常可見。

以聽者的角度來說，「就算聽了那麼多，也無法完全記住」，這才是聽者的真心話吧。

習慣發表演說的外國人會在演說的開頭或結尾強調：「今天要讓你們記住的是這個重點。」說者會把演說內容歸納成一個簡短的句子，讓聽者聽完演說

圖3

試圖詳盡說明會造成情況惡化的三個理由

1.人在做決定時，不是憑藉一切的資訊，而是藉由某項重點而決定的

這點我喜歡！
從正面意義來說
覺得感興趣！

2.不OK的理由可能是其他部分的重點

大致上是可以，
不過那個地方我
有點不滿意。
沒什麼不好，
不過我無法做
出決定。

3.如果「試圖詳盡說明」，將會減弱對於重點的提示或應對

CHECK!

把想說的話全部講完不見得正確。由於聽者聽過一次不會完全明白，所以必須清楚提出自己想要強調的重點。

後，知道「重點就是這個！」

首先，必須思考「聽者」的吸收能力。請想像如果「聽者」是自己的情況。

如果是上班族，經常有機會接觸許多演說。既無法記住所有的演說內容，也沒有那個必要。留在腦中的只有對自己而言是必要的、可能對自己的生活有用的重點。

蘋果公司創辦人之一的賈伯斯（Steve Jobs）被稱為演說天才。為什麼大家都記得他在史丹佛大學約十五分鐘的那場知名演講呢？因為最終他濃縮了一句重點，「求知若飢，虛心若愚」（Stay Hungry, Stay Foolish）。

看書也是一樣。幾乎沒有人會把閱讀的書從頭到尾默背下來吧。腦中掌握作者在整本書中想要表達的幾項重點就夠了。若是閱讀，也可以根據自己的節奏重複閱讀喜愛的篇章。然而，聽演講卻無法如此。也因此，把重點濃縮並傳達給聽眾尤其重要。

經過上述的說明，相信各位就能夠確實瞭解全部說完想說的話不見得是好事。把整場演說內容鎖定在一個主題上，重點頂多歸納為三項，這樣聽者更容易明白，演說也一定會獲得好評。

4 不要照著練習做

練習很重要。某種程度的練習，當然是有幫助的。

即便如此，比起重複每字每句反覆練習，並「照著練習」說明，**倒不如提醒自己大致做個練習，同時保留一定的彈性，這樣做的效果反而比較好**。

我在上班族時代，只要聽到業務員說「我們來練習吧！」我就會心生警戒。因為我可不認為「不斷重複練習就是提出完美企劃案的最佳對策」。

在此，請以「客戶」的立場想想看。

自己還無法完全理解聽到的內容，對方卻滔滔不絕地高談闊論，這時自己的內心做何感想？還有，一直聽到陌生的詞彙，自己的感覺又是如何？

對方毫不在意自己是否有多瞭解那些詞彙，只以他的節奏不斷地說，真是令人討厭哪！

提案始終要以對方的節奏進行。應該根據對方的狀況改變提案的節奏。然而，我們在提案前幾乎是無法掌握與對方反應有關的任何資訊。

我見過許多前輩明明就重複每字每句反覆地練習，並照著練習說明，沒想到只因對方露出嫌惡的表情，就害得前輩當場變得語無倫次。

針對詳細的環境分析，自己拚命練習，結果對方卻覺得說明內容過長，只想快點聽到實際的提案內容；在練習時得到眾人好評的笑話，對方卻連笑也不笑地繃著一張臉；本來分成四部分說明，客戶卻只對第三部分感興趣，以至於完全忽略第四部分。

最後，我終於明白一件事。期待客戶靜下心來仔細聽你說明，這種想法本來就不切實際。

提案就是對話。雖然當前是由我方不斷說明，不過說明的本質是對話。你必須看著對方的反應，讀取對方未說出口的話語，並且做出適當的應對。

那麼，事前練習時該怎麼做才對呢？重點有以下三項：

重新檢討整體流程

在虛擬聽眾前說話，藉此瞭解難以理解的部分或整體順序的流暢度。就算企劃案已經討論過無數次了，透過實際發出聲音說明就能夠更為順暢。

模擬初次聽簡報的人的反應

越是努力研究提案內容，自己或團隊就越不容易想像初次聽到此內容的人之反應。如果可以的話，說給團隊以外的人聽聽看，確實面對初次聽簡報者的反應，才是有效的練習法。

③ 練習問答。在此過程中深化自己的思考內容

在練習時就坦然接受提問，並且設法努力回答問題。透過這樣的練習能夠加強自己的邏輯思考，就算正式上場時沒有出現一模一樣的問題，對你也是非常有幫助的。

無論如何，**最重要的就是避免認定現場會出現什麼狀況**。提案時，現場感很重要。除非是受過高度訓練的演員，否則重複練習、演出的簡報是不會打動人心的。

所以，**請記住練習只要大致做好就好**，放棄「照著練習說明」的心態吧。

5 捨棄自己看起來很棒的心態

我年輕的時候，對於說話極度沒有自信，總覺得自己比別人差而抱持著自卑感。正因為如此，我總是努力地虛張聲勢，至少在別人面前的表現得要「看起來很棒」。

但是假裝「看起來很棒」的程度超乎自己真正的實力，這樣的想法束縛了自己的行為，也帶來緊張的情緒而容易出錯。只要發生意料之外的狀況，就會感到手足無措，最後腦筋變成一片空白。

若要形容的話，就像是Lady Gaga穿著五十公分的高跟鞋跑步一樣，只要稍微不注意就會馬上跌倒，無法輕鬆地跑步。

又像是戴著香奈兒的華麗手套敲打鍵盤，很容易誤觸按鍵，不容易打出正確的內容。

演說或簡報的訣竅並不是要你「看起來很棒」，而是要你「看起來很真」。至少，不擅長在人前演說的人一直都無法「看起來很棒」。所以，如果抱持著「看起來很真」的想法，成功的可能性絕對更高。

首先，請放棄「讓自己看起來比真正的實力強」的想法。

不可以輕忽聽你說話的人，人不是那麼好騙的。就算你表現得很厲害，也只會招致對方反感；就算你說話特別流暢，也可能被對方視為輕挑；就算你勉強丟出一堆理論，對方可能會以為你愛講道理。所以，以真實的自己定勝負反而會獲得更多。

「放棄讓自己看起來很棒的想法」，這麼做的具體好處有以下三點：

1 心情穩定得讓你不可置信

只要做平常的自己就好。如果這麼想，你就不會驚慌，臉部表情不會僵硬，最大的好處是你的心情會變得輕鬆。這麼一來，說話結巴、內容毫無進展的情況就會大幅改善。比起五十公分的高跟鞋，穿著合腳且包覆性高的鞋子，更能夠跑得快又遠。

2 就算發生意料之外的狀況也能沉著應對

希望自己看起來很棒的想法會導致你難以應付意外狀況。因為是意料之外的事情，所以不是事先規劃好的情況。像那樣的時候，一旦加入「希望自己看起來很棒」的要素，你就無法迅速確實地應對。但如果以「真實的自己」應對突發狀況，則脫離意外狀況的可能性將大幅提昇。

3 聽者對你會產生「誠實」、「親切」等好印象

捨棄讓自己看起來很棒的想法，發言、提案時以真實的自己定勝負，這樣的做法會帶給聽者「誠實」、「不做作」的印象。當然，發言、提案都是綜合性的能力所完成的，而這樣的好印象將能為你帶來高分。

6

接受會發生意料之外提問的情境

「請老天爺保佑沒有人問問題。」

有沒有人發表演說或做簡報時，腦中不斷這樣祈禱的？我非常瞭解那種痛苦的心情。無論是演說或簡報，基本上都是照著自己的節奏進行，然而，提問的節奏是對方所掌控的，要應對這樣的情況真的很難。

不過，請儘快丟棄那種求神保佑的想法吧。許多演說或簡報都會安排「問答時間」，主持人也會一再詢問聽眾：「有沒有什麼問題？」問題會加深聽眾對於內容的理解，透過提問也有助於提高聽眾的滿足程度。

那麼，如果事先猜題並製作問答集呢？這種做法會有幫助，對你有益無害。

但是，不能因此就高枕無憂。

設定三個題目並且練習回答，期望演說或簡報完美結束。但是一旦出現意料之外的題目，可想而知你一定會驚慌失措。那麼，設定五個題目呢？十個題目呢？

要想出十個問題本來就是不可能的任務，每個問題還要找出滿意的答案，這也不符合現實。若把時間、精力花在那上面，反而會疏忽了重要的演說、簡報內容。

我在無數次的演說、簡報中，接受各式各樣的提問。在這過程當中，我明白了「意料之外的提問本來就會發生」。

所謂提問，通常都是意料之外的內容。我至今也經常會被問到意想不到的問題，內心不禁吶喊著：「拜託，怎麼會問這種問題？」

從做簡報的人的立場來說，「怎麼會想出這種問題呢？這個人真是天才！」這樣的提問者還真不少。

「接受會發生意料之外提問的情境」——這個想法對於你而言，無論是內心的感覺或是接受提問的心態，都會帶來極大的轉變。

我將會在第二章詳細說明如何回答意料之外的問題。不過，大前提是你的心態要先接受這種狀況。

無論被問到多麼失常的問題，由於已經是自己「接受」的狀況，所以驚慌失措的程度就會大幅降低。

第一個要避免的就是「感到困惑」。就算感到困惑也不能解決問題，事情也不會有任何進展。

由於感到困惑，人會受到傷害，也會浪費時間。在這樣的負面情緒中，你會接連不斷地遭到否定或惡意詢問，這使得現場情勢更加惡化。

演說、簡報的問答時間通常都不長，至少在一開始的二～三分鐘，甚至數十秒左右就決定了整個局勢。

在這樣的情況下，沒有時間讓你感到困惑。在此之前，請記得先做出反應吧。**像這種情況，你不能指望說出「獨一無二的正確解答」或是「最佳解答」**。

總之，第一步就是盡量做出適當的反應。

如果你預測將會被人推倒而先站穩腳步，那麼就算被人用力推，身體也不會動搖。但是，如果沒有這樣的心理準備，只要被輕輕一推就會踉蹌跌倒。

大部分人在演說、簡報時感到困惑，以我來說就像是這樣的踉蹌。

演說或做簡報時，也會發生「被推倒」的情況。對方做出負面反應或是惡意的提問等情況明明經常發生，你卻毫不在意，一旦真的發生這種情況才覺得傷腦筋：「怎麼會這樣！」

如果仔細想想這樣的情況，還真是有點奇怪呢。

一百次當中只有一次機會聽到別人說「太棒了！」，倒不如說這種正面反應算是例外。如果內心早有心理準備，聽到的都會是令人頭痛的問題，那麼在現場隨機應變就不困難。

還有，經常發生提案、面試時，對方在現場沒有什麼特別反應，但是結果卻不如預期的情況。現場不斷提問難解的問題，那是因為對方覺得「可能會採用」的緣故。比起順利的提案或面試，這種情況獲得採用的機會反而更高。

世界排名第一的傳播集團WPP前CEO馬丁・索瑞爾（Martin Sorrell），以整場演說都是透過問答的形式進行而廣為人知。這種獨特的風格意味著，當他宣布「在這整場六十分鐘的演說中，我將會回答各種問題」時，他就已經從防守轉變為攻擊的態勢了。

巧妙回答意料之外問題的首要祕訣就是，「接受意料之外的情況」。

7 下定決心不做任何決定

我脫離笨嘴男的關鍵到底是什麼呢？雖然影響因素有很多，不過現在回頭想想，如果只能舉一個最關鍵的重點，那就是「下定決心不做任何決定」。**不要預先做任何決定，把全副精神放在配合對方或現場狀況，並且做出適切的應對**。

演說或簡報是某種「交戰」。

更別說演說或簡報的場合經常是與對方初次見面，關於對方的反應等相關資訊極少。在那樣的狀態下，如果內心已經依常識做了某個決定，將無法做出適當的應對。為了「適當配合對方或現場狀況」，「不要事先決定任何事情」的態度極為重要。

以下列舉的就是我以前抱持的既定印象，相信也有許多人跟我一樣。

「所謂部長就是這種生物。」
「如果你這麼說話，客戶就會感到高興。」
「簡報的順序從環境分析開始說起比較好。」
「一開始的開場白如果從天氣切入就不會出錯。」
「這是難得的機會，所以要努力多介紹一些資訊。」
「如果對方點出不滿意的地方，要立即回答你會修正不滿意之處。」
「說話方式越客氣越好。」
「西裝本來就要搭配領帶。」
「做簡報本來就要依照預定的順序進行。」

不過，這些狀況通通都會因為對方或現場的情況而有所改變。瞭解常規並且抱持著自己的風格，再配合對方或狀況的變化思考，這才是最聰明的因應對策。因此，請不要事先做出任何決定。

「部長也有各種類型。」

「同樣一句話，有的客戶聽了會高興，也有人聽了不會高興。」

「做簡報時，或許從電視節目的笑料切入比較好。」

「也有人對於天氣的話題覺得厭煩。」

「也有許多人只想聽重點。」

「就算被指出不滿意之處，也有許多案例是重複自己的主張比較好。」

「有的人喜歡適度輕鬆的說話風格。」

「也有客戶喜歡較為輕鬆的休閒服飾。」

「簡報的順序也要依據對方的反應決定回頭重講或是簡短說明，這樣簡報的進行才會順利。」

不要事先決定任何事情，請以彈性的態度應變吧。

捨棄既有的成見，別再依照常規做事，請先做到這點。**為做不到的自己除去枷鎖，而不是否定做不到的自己**。

我想沒有人會跟你說這些。我以前就是那樣。實際上，你還是會為了不必要的事情煩惱，這也是事實。因為想要獲得成果，所以會一邊做足準備，一邊期待完美的表現。

如果各位抱持這樣的心態，那就沒問題了。在對話中，獲得對方信賴是最重要的重點，相信你已經知道該怎麼做了吧。

第2章

跟緊張到無法說話的自己說掰掰

口才變好的八項領悟

就算能夠捨棄負面想法，
也無法馬上就能夠演出打動對方、讓對方理解的簡報或演說，
更何況是工作。
在工作場合中，投接球是很重要的應對手段。
經常聽人說談話高手是聆聽高手，
不過，若想要獲得對方認同，該怎麼做才好呢？

1 按照預定進行，其實是不正常的做法

如果沒有照自己的計畫進行，就會覺得走投無路。

請各位想想以前在眾人面前說話的樣子。

其中有幾次是「如預期般進行」呢？應該是屈指可數吧。還是一次也不曾有過？

我年輕的時候，從來不曾有過這樣的經驗。

說明到企劃書第五頁，對方公司的部長舉手制止我繼續說下去。

當我正說明第十一頁時，對方卻一直往下翻閱。

明明就已經跟對方窗口充分討論過的內容，對方的部長卻開始抓狂：「一

開始我們公司的委託方向就不是這個！」

啤酒的電視廣告案，為了表現喝酒時的暢快感，使用尼加拉瓜瀑布來呈現那樣的意象，結果客戶的業務負責人表示往下流的瀑布「會讓人聯想到業績下滑，不行！」像這種情況已經超過忍耐的極限，讓人快要抓狂。

公司內部的會議也是一樣。晚上熬夜抓破頭寫出來的文案準備在白天的會議中討論，結果主管卻說：「今天要討論影片，所以文案移到下週討論吧！」

雜誌廣告的案件，本來預定請我部門的主管對業務部說明，結果主管因為其他案件無法出席，使得我被負責的業務恐嚇：「這樣客戶不會簽約啦！」哎，真的不知道該怎麼做才好。

我在二十多歲的這段期間，事情的進展總是不如所願，走投無路的日子就不知道過了幾年。這麼說真的一點也不誇張。

被無數次「不如預期進行的狀況」折磨當中，我逐漸瞭解到「事情如預期進行才是特例，也才是不正常的情況」。

你（以及年輕時的我）的腦中、內心中的某處一定盤踞著「事情都應該按照預定步驟進行」的想法。

還有就是「希望按照預定計畫進行」的願望。**一旦拚命想實現願望，就會變得只有自己拚命發言，結果完全忽略傾聽對方的意見**。這樣的做法是不對的。

簡報、演說或是在會議中發言等，基本上是不會依照預定計畫進行的。這話怎麼說呢？這是因為這時都有對象聽你說話的緣故。

依著對方的性格、立場、能力、知識以及擁有技能的不同，現場狀況也會隨之改變。更何況大部分的簡報或演說都是針對多數人進行的。多數人的性格、立場、能力、知識以及擁有的技能又更錯綜複雜。可以說，事先瞭解現場流程的進行根本就是不可能的任務。

總之，依照預定計畫進行是不可行的。當然，自己要說的內容應該事先組織好架構。不過，在簡報、演說或是會議中發言必須提醒自己「依照預定計畫進行其實是異常狀況」。如果能夠瞭解「預定流程只不過是自己認定的想法」，那麼無論發生什麼意外狀況，也就不會變得手足無措了。

至少不會變得驚慌失措，不知如何是好。

無論做什麼運動，「架式」很重要。例如網球或足球等需要與對方對打的運動，對於對方突如其來的動作，你都必須擺出隨時能夠應變的「架式」。

簡報或演說也是一樣。「預定計畫」是暫時擬定的內容。但是千萬不能夠以為事情總會依照自己的預定計畫進行。

2

回答問題是能夠進一步說明自己主張的機會

為什麼會那麼討厭回答問題呢？

年輕時的我總是非常害怕主管、客戶提出的尖銳問題。現在的我可以說是「喜歡問題」。我總是期盼著「快點問問題呀」，就算是尖銳的問題也不怕。

為什麼呢？因為**回答問題是能夠進一步說明的機會**。

簡報或演說是以自己的知識或理解的內容為基礎所說出來的話。你使用的專業術語、邏輯推論或是思考方式等都是自己想過的內容，所以當然非常清楚自己說出來的話。然而，對方想的不見得跟你一樣。

再怎麼試圖清楚說明，也經常發生只有自己明白，對方卻還是一頭霧水的情況。那麼，對方到底是哪裡不懂？自己是哪裡沒有說明清楚？提問可以幫助自己瞭解這點，所以應該虛心接受並且歡迎對方提問才對。

假如對方沒聽懂但也沒提問的話，就得毫無目的地再說明一次，或是自行找出哪部分沒有提到等等。

「提問＝訊息沒有傳達給對方」，這樣的情況大概可以分為五大類：

1. **對方不知道、不瞭解專業術語等關鍵字；**
2. **「因為A所以B」，這個「所以」的部分沒有說明清楚，或是對方不明白；**
3. **好的創意包含了「想法」的「跳躍」部分，對方不瞭解此跳躍的部分；**

4. **對方的注意力放在負面或風險部分，你沒說清楚你也有想到正面成功的部分，或是也有考量到風險部分；**

5. **雙方一開始就沒有共享目的、目標。**

另外，還有提問者只是想在眾人面前說出自己的想法，也就是提出「不是問題的問題」。像這種不是真正的問題，就不應該認真回答。關於這類提問的解決方式，我會在第三章第七個單元「裝傻矇混」中詳細說明。

無論如何，必須**從對方的提問讀取「沒有傳達的重點是什麼？」**，**並且努力讓對方瞭解**。

如果沒有這樣的提問，就沒有機會再次說明對方所不瞭解的重點。就算有時間重新說明，明明對方一開始就不明白專業術語，而你卻是重新說明邏輯推論；或者對方最擔心的是風險，而你卻始終強調正面的影響力等，這樣的簡報或演說都不會帶來任何效果。

聽簡報、演說的人有著各種不同的特性。如果瞭解「只說明一次無法讓所有人都懂」的道理，視提問為自己能夠深入說明主張的機會，就再也不會害怕尖銳的問題了。

3 比起「正確解答」，先說出浮現腦中的答案

「就算你這麼說，我還是沒辦法那樣冷靜回答問題啦！」如果是笨嘴男，腦中一定會這樣想吧。

你必須經過無數場的歷練與技巧磨練，才能夠學會運用前一單元整理的問題類型進行判斷，並且確實地深入說明。

「我就是很不擅長回答問題」、「如果明天在會議中有人提問，該怎麼回答才好呢？」老是擔心這類問題的人，從一開始就不要指望做出完美無缺的表現。請先記住一件事，只要回答「浮現腦中的想法」就好了。

讓我說說我還是笨嘴男時期的一個故事吧。

某客戶公司裡，有一位以獨裁聞名的部長。我們提出的企劃案總是被批評得一無是處，甚至罵我們：「別再浪費我的時間！」話題不知為何轉到廣告預算，該部長怒斥：「十億日圓耶，你們沒有感覺吧。你們倒是說說看十億日圓能買什麼東西啊！」

對方是公司內部的高層人士，手上握有大權，其專政獨裁的作風也是業界有名的。

當時我們的提案遭到否定，也就是正處於被罵的狀態，然後聽到那樣的問題。那樣的問題本來就是難以辨識其意圖的問題，壓根不可能完美地回答。

該部長對我們的團隊丟出那樣的問題，而且還等著我們回答。我公司的業務或是我的主管沒有人回答。我當時是現場的領導，所以想盡辦法試圖回答那個問題。

這時，浮現我腦中的答案是「二十間房子」。當時我曾經在下班時間一邊散步、一邊看著不動產的出售資訊，腦中還有印象兩房或三房的房子售價大約是五千萬日圓。

我把浮現腦中的想法原封不動地說出口：「大概可以買二十間兩房的房子吧。」

「嗯，也大概是那樣的價格。」公關部長接話。順著這樣的一問一答，話題繼續往前進展，接著與對方確認提案的方向，要注意哪些重點等等，最後順利地結束會議。

或許這個例子比較極端，也或許有人對於「二十間兩房的房子」的回答不滿意。即便如此，我如實說出浮現腦中能夠回答的答案，獲得一個安全下莊的機會。

做簡報或是在會議中發言都是「溝通」的行為，不是單方面的「發表」。還有，在那種場合的提問通常都超乎自己所能預期的，也不可能知道「完美的答案」。

所以，請毫不遲疑地說出在現場拚命動腦，且第一個浮現腦中的想法吧。讓「大腦到嘴巴」的神經迴路更加活躍。

我也知道這樣做不容易。年輕時的我也是一樣，總是試圖回答「正確」答案，浮現腦中的想法無論如何就是無法說出口。

那麼，該怎麼做呢？這其實也是一種習慣。總之就是每次都提醒自己「腦中有什麼想法就說什麼」，先從這個步驟開始做起吧。

這也就是心理學所說的「細分目標」。不要一下子就想達到高遠的目標（回答正確答案），從能夠分割的小目標（說出浮現腦中的想法）開始做起，這樣的做法更容易為你帶來成果。

還有，在這樣的情況，就算謹慎應對也不會覺得好過，這點也請務必謹記在心。

或許有時候你會說出一些牛頭不對馬嘴的話，即便如此，「溝通」也不是說一次話就結束。

「這個人或許不知道專業術語」，如果腦中浮現這個想法，那就詳細說明專業術語。萬一被對方回嗆：「這個我知道。」那就轉為說明邏輯，如果還是不對，就要試著回到一開始雙方共享的目的或目標，從頭開始說明。

這樣的「溝通」也要從說出浮現腦中的想法開始做起。

圖4

比起正確解答，先回答自己想到的答案吧！

CHECK!

當你說不出答案時，會話就此停止。因此，請提醒自己先說出浮現腦中的想法吧！透過細分目標，加強對話的交流，最後一定會有收穫。

4 沉默會引發焦慮，先隨便說句什麼都好

就算知道「直接說出浮現腦中的想法就好了！」，但是腦中根本一片空白，什麼也想不出來。像這種情況到底該怎麼辦才好呢？

無論是笨嘴男或是各位可能都想知道答案吧。

請放心，這種時候也有可以應付的訣竅。

方法很簡單。這個訣竅就是「**隨便什麼都好，總之就是發出聲音說話**」。

簡報或是會議現場都是氣氛緊張的場合，一旦陷入「沉默的陷阱」，別說是有意義的內容了，光是要發出聲音就是一道難以跨越的障礙。各位是否也這

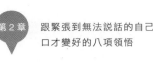

麼覺得呢？

年輕時的我感受特別強烈。又是恐懼、又是害羞、又是猶豫。腦中不斷盤旋著各種想法，如果說出這種話會被嘲笑吧，這離正確解答還差得遠呢，對方到底想要什麼答案呢？最後終究什麼也說不出口。

其實，比起擔心內容的好壞，我的感覺是喉嚨深處像是被什麼東西堵住，通道被堵住所以發不出聲音來。

像這種時候，內容是其次，請先把焦點放在發出聲音上。說什麼都好，像是**「原來如此啊」**、**「我明白了」**這種附和對方的話也可以。

這就跟運動選手必須暖身的道理一樣。突然就想運動身體，身體的筋骨也無法靈活運動；突然想發出聲音時，喉嚨也會卡卡的或發出沙啞的聲音。

二〇〇四年坎城國際創意節的評審會議中，我又實際感受到年輕時「發不出聲音的緊張感」。

這是一場來自世界各國二十二位高手的討論會。無論是會議中的發言技巧或是實績等，這些高手們在自己國內的實力遠遠超乎我這位笨嘴男。即便如此，還是有四～五人在討論會中沒有開口說過話。

當然英語能力也是影響因素之一。不過，比起英語能力的問題，我認為連那些優秀的高手們也會落入「沉默的陷阱」。我自己也打算「以英語說出歸納的意見」，但就是發不出聲音來。

當時有一支我想聲援的日本電視廣告，我煩惱著當這部作品被眾人批評時，該如何發言支持。一直以來都無法發言（無法以英語出聲）的我體會到「練習發聲」的必要性。

雖然不是什麼重要的發言內容，不過我還是不斷說些「**我也贊成這點**」、「**我覺得這不錯**」、「**這真的很有趣呢**」等對討論幾乎沒有影響力的發言，而我這麼做只是「為了（用英語）發聲練習」。

結果這個方法奏效了。當會議中討論到我想聲援的這部日本作品時，我終於能夠有效地說出我的意見，說服許多人同意我的說法。連坐我旁邊的德國人

圖5

不要陷入沉默的陷阱

也說：「你一直沒說什麼話，不過剛剛的發言令人印象深刻。」

在評審的討論會中，有數人多嘴多舌說個不停。由於必須討論一百多部作品，只要稍有鬆懈，你還來不及發言，討論就結束，然後進入舉手投票表決的階段。

在這過程當中，我認為能夠有效發言是因為我已經做足了「發聲練習」。無論是做簡報或是公司會議都一樣。在多少有點緊張的場合中，先練習「發聲」、「持續發聲」，這個方法非常有用。

從明天的會議開始，請先嘗試發聲，預防自己陷入「沉默的陷阱」吧。

5 努力讀取對方的真心話

明明我就照著對方說的做，不知為何還是不順利。

提問者最先說出口的話總是會影響你的思緒。例如，「這個提案會不會太突兀了。」一旦對方說出最初的感想，你就會被這個評論擊倒。

腦中不斷盤旋著「突兀、突兀、突兀」等文字，一直想著要如何說明「這並不突兀」，結果完全沒有聽到對方接下來的發言。

例如，「有點突兀的部分倒還好，但是會不會難以突顯新功能」，就算對方的焦點已經轉移，你也沒聽到。自己的腦中被「否定、突兀」的想法占滿，所以明明對方的討論重點是「新功能」，而你卻回答一個牛頭不對馬嘴的答案。

笨嘴男就不用說了。放眼四周，在簡報或會議中經常看得到如此應對的人。其實在溝通中，仔細聆聽對方的發言是非常重要的。

另外，人類接收到的訊息當中，語言資訊只占七％而已（聽覺資訊三十八％，視覺資訊五十五％），這是心理學家艾伯特・麥拉賓（Albert Mehrabian）知名的實驗所得到的結論。偶爾也要注意對方的說話語調或是表情變化，把自己當成神探福爾摩斯，努力讀取對方內心真正想表達的內容。

這時，**最重要的是聽取對方的發言，解讀對方的意圖，而非自己開口說話**。把你不擅長的「說話」先擺一邊，把注意力集中在聆聽上面吧。

「照對方說的全盤接受」、「只讀取對方說出口的話」、「照著主管或客戶所說的話應對」等，通常都不是良好的應對方式。

聽取提案的人無法在瞬間判斷一切、決定意見、擬定順序並且傳達給提案者。就算聽取提案的人試圖努力把自己的感覺說出來，也有表達不好的時候。所謂「有苦難言」的情況經常發生。

從這層意義上來說，你應該要更體諒對方的心情才是。

「這篇文章太長了。這樣吧，如果分成三個部分呢？」

「好，分成三個部分。」

這樣的回答不對。對方說這話的意思是「希望看一眼就明白」。

「我瞭解您的意思，這樣好了，我分成三段或四段，並且加上編號跟小標題。」這才是正確解答。

「我不是很想用『豪華』這個詞彙耶。」

「好的，那就不要用這個詞，改為『華麗』。」

這樣回答也不好。雖然尊重對方的想法，不過對方真正想說的「並不是單純指豪華的樣貌，而是『能夠呈現更深入的部分』」。

「好的，我會找一些關鍵字來呈現豪華以外的其他價值。」

這才是正確答案。

「這裡的文字是藍色的，這樣好嗎？紅色或其他顏色不好嗎？」

「好的，我會改成紅色。」

這也是錯誤的應對。對方說這話的用意是「希望文字看起來更顯眼」，而不是「改成紅色」。

這種情況如果回答「您是希望文字看起來更顯眼吧。我可以針對紅色、橘色以及黃色等幾個顏色研究看看。另外，我也會重新調整文字的大小以及周圍的設計，讓文字看起來更顯眼。」

這樣回答就對了。

在簡報或會議的溝通中，如果搞錯對方的想法，不僅現場的會議室礙難行，下次提出修正案時，搞不好還會遭對方怒斥：「你這樣不就只是照著我說的修改嗎？」

對方說出口的話裡面「真正的意圖」是什麼？「這個人想表達什麼？」、「部長為什麼想要這個？」要集中精神瞭解對方的意圖，經常在腦中思考判斷。

即便如此還是無法讀取對方真正的想法時，請主動發問，誘導對方說出真

圖6

讀取對方發言的意圖

這篇文章太長了。這樣吧，
如果分成三個部分呢？
好，分成三個部分。
我瞭解您的意思，這樣好了，我分成三段或四段，並且加上編號跟小標題。
我不是很想用「豪華」這個詞彙耶。
好的，那就不要用這個詞，改為「華麗」。
好的，我會找一些關鍵字來呈現豪華以外的其他價值。

CHECK!

對方說的話不要囫圇吞棗地全盤接受，而是從其發言中找出對方的意圖。當然，也要避免完全不相干的回答。提醒自己集中精神注意對方的反應，提出具有附加價值的提案吧。

心話。第三章第六單元的「找出真心話」會詳細說明做法。總之，請不斷提出「誘導對方說出真心話的問題」，找出對方內心真正的想法吧。

「自己應該如何回答比較好呢？」這已經是次要問題了。解讀對方說這話的意圖，掌握真正的重點才是最重要的。良好的溝通才是王道，先從這部分開始做起吧。

6 比起自己搶著說話，更重要的是讓對方說話

被問到尖銳的問題最讓人感到痛苦。不過簡報或發表談話之後，如果對方沒什麼反應，這也容易讓人感覺不安。對方沒有點頭附和、沒有「呵呵」等表示贊同的表現，但也沒有明顯表示拒絕的態度。

簡報大致說明一次或是發表談話後的自己，總是期待著某些反應。然而，現場沒有什麼特別的反應，只有混沌的氣氛流動著的微妙感覺。年輕時的我非常不擅長面對這種不知如何形容的氛圍，在現場也不知該如何是好。為了設法脫離那樣的狀況，於是又痛苦地勉強自己再講些什麼話。

隨著時間經過，已經改變的我如果再回到同樣的場景，我會怎麼做呢？如果對方不開口說話，我就主動提問。

正因為自己不善言辭，比起勉強找話說，倒不如讓對方說話。因為這樣的想法，於是我採取提問的策略，沒想到效果出奇的好。

簡報結束後，盡量表現出滿臉笑容，透過以下的發言促使對方做出反應。

「請問您覺得如何呢？」

「有沒有覺得在意的部分呢？」

「就算是小地方也沒關係，請盡量提問。」

「感想或是評論也可以，歡迎批評指教。」等等。

任何簡報或發表談話，聽過之後「完全沒有感想」，這是不可能的。就算對於簡報或報告內容沒有什麼好印象，腦中也應該會有一些想法。例如，「整體沒有歸納得很好」、「我明白內容的發展架構，不過提案本身了無新意」、

「若要勉強說出好的部分，大概是前半段的環境分析還不錯吧」等。

有時候確實也會遇到沒有可以說出口的強烈印象，或是感想還沒有整理好等情況。

即便如此，對方也不可能「連一句話或感想都不想講」。有時候只是猶豫著要不要開口說話而已。從團隊成員的構成來說，有時候第一個開口發言還是得需要一些勇氣。

正因為如此，就由我方先「做球」給對方，開始進行對話的投接球吧。任何行動都強過沒有反應。

關於投接球的「球」，比起一味地要對方「快問問題！」，**如果多加一句「感想或評論也可以」，對方開口說話的機率絕對會提高許多**。

就算以我聽簡報或報告的經驗來說，通常也不會特別想問什麼問題。不過，若是感想的話，就不可能有人說「哎呀，我完全沒有什麼想法耶。」

但是，如果只是說說「感想」，感覺又太隨便，不像是在工作場合中應該說的話，所以不好說出口。另外有時候也真的會出現「很有趣」、「還不錯」

等無法作為投接球的發言。

因此，如果補上「也可以說說評論」，這樣對方也容易以工作上的角度說出自己的想法，或是整理腦中模糊的感想。透過這樣的做法就容易達到投接球的溝通目的。

一旦開始投接球的對話，後面的話題就會往各種不同的方向發展。若是對方說「我不是聽得很懂」，那就試著把內容濃縮成三個重點，重新強調一遍；如果對方說「提案內容了無新意」，你就可以進一步追問「哪個部分讓您有這個感覺？」，這樣就能夠有助於改善下次的提案。

7 某人結束發言後立即接上話最好

當我還是笨嘴男時，有一件事我總是做不到，無論試過幾次都無法達成，這令我非常頭痛。這件事就是「在會議中發言」。

在這裡**最重要的就是要如何掌握發出聲音的時間點**。

如果沒有集中注意力意識到這點，就無法輕易做到。或許這就類似在沒有交通號誌的馬路上，鑽過來往車輛的縫隙過街一樣。你必須集中注意力注意對方的動向，並且適時「切入」。不過，這也是極為困難的行動。

以下我將介紹兩種方法，讓不擅長在會議中發言的人學會如何「切入」。

1 瞄準別人說話結束的那一瞬間；

2 附和對方的意見，並且加上自己的想法。

我先從1開始仔細說明。

當你腦子正想著「我打算說這件事！」，A就開始發表他的看法，接著B立刻反駁，然後C又提了不同的意見，在一瞬間，話題不斷轉移。「奇怪？我剛剛努力思考的事情，到底要在哪個時間點說出來才好？」像這樣的情況應該經常發生吧。

面對這種情況，**最佳的出聲時間點就是別人話剛說完的那一瞬間**，也就是某個句子（段落）剛結束的那一瞬間。如果在那之後有空檔的話，就可能會被其他人搶先發言。所以你要集中精神注意目前說話的人的句子，瞄準他話剛說完的那一瞬間。

還不習慣時，可能會在句子好像結束又好像還沒結束時就開口發言，這樣也沒有關係。但是如果做得太超過，可能會被人家使以臉色，所以習慣之後就要控制在不失禮的範圍內。即便會失禮，也強過被他人搶去發話權。

關於第2點，各位覺得如何呢？

當自己想說的話被別人搶先說了，這時候就使用這項技巧吧——附和對方的意見並加上自己的想法。

「我的想法也是一樣，請讓我補充兩點理由。」，或是「如果再以這樣的觀點進一步討論的話，各位覺得如何呢？」在討論的發展方向上，**加上自己的意見，順勢運用他人的說話內容作為自己的想法**。

在同樣的情況下，大部分人都會說：「我想說的已經有人先說了。」這樣的發言毫無意義，也嚴禁這種說法。因為這樣的發言對於話題的討論毫無幫助。

8 反正又不會死人。把簡報或演講當成「與聽者之間的對話」

兩腿發軟，嘴巴說不出話，雙手發抖，聲音沙啞——笨嘴男為什麼會感受到那麼大的壓力呢？

如果想對那時的自己說些什麼，我會以毫不在意的口吻說：「拜託，說話又不會死人。」儘管簡報或發表談話的進展不如預期，終究不會死人，不會被炒魷魚，也不會突然就被降職。在下次的簡報或發表會上改進就好了。

我認為**簡報、發表談話或演說都是「與聽者之間的對話」**，不是自己單方面一味地發表意見。如果內心把簡報、發表談話或是演說視為「由我先說三十分鐘的對話」，那麼在這些場合上的發言就會突然變得簡單多了。

然而，不只是對客戶做簡報，許多人連在部門內部的發表也只會把視線放在手邊的資料上，若是使用投影片做簡報或發表，眼睛就會看著投影布幕說話。

這樣就不是具有對話特質的簡報或發表了。若是這麼做，說者與聽者的立場就會界線分明，導致聽者更容易進入雞蛋裡挑骨頭的狀態，而非尋求共鳴，這樣的狀況絕對不是好事。

事先發放企劃書資料給出席者，自己也一邊看著企劃書一邊說明。若是這種做法，請提醒自己只以五成的目光投注在資料上吧。要頻繁地抬起頭來看看聽者的狀況，特別是要觀察握有決定權者的動向。

由於「簡報也是對話」，所以就算對方沒有開口說話，**也要從對方的舉止行動聽取「沒有聲音的聲音」**，**盡量做好應對的準備**。

至少要進入下一頁時，開口提醒在場的人「請翻到下一頁」。如果看到有人似乎不知道現在說到哪一頁，則提醒對方：「現在正在說明第〇頁。」若企劃書沒有標明頁數，則要讀出標題或是讓對方看該頁內容，引導對方「請看這頁」。

就算自己已經翻到下一頁，如果具有決定權的人還停在原來那一頁的話，就請稍微等一下吧。如果等太久就要主動詢問：「請問是不是有在意的部分？」簡報中途若有人提問也沒關係，可以藉此進行良好的對話。

放投影片發表內容時，眼睛不可以盯著放映的影片。當然，為了確認放映的投影片是正確的，可以看二～三次，但也僅限於此。

自己說到哪，看手邊的電腦螢幕就好，其餘時間都請關注聽者的肢體語言、神情與視線。

還有，腦中不要想著這是簡報、演說或是發表談話，就當成一般的對話說話。這麼一來，壓力就會驟然減少，聽者也會覺得輕鬆。

「拜託，話說不好又不會死人。」

在做簡報或發表談話之前，就對自己這麼說吧。如果連自己都覺得「說什麼死不死的，太誇張了啦！」，那就沒問題了。

第 3 章

只要記住招式就能夠輕鬆開口說話

人前說話不發抖的十大技巧

與婚喪喜慶的演說不同，
工作上單方面一直說話的情況很少，
說話對象經常會表現出各種反應，也沒有一定的規則。
在這裡最重要的是，不要讓對方產生「敵意」。
不管遇到任何狀況，都有固定的應對方式。
本章將整理出十項技巧介紹給各位。

1 不死三振

被人以高壓的態度詢問尖銳的問題、完全是意料之外的問題、與其說是提問，更接近逼問或者說是斥責——對於你的簡報或談話，客戶或主管表現出如上述般嚴苛的反應時，我研發一個名為「不死三振」（譯注）的技巧可以應付。

若以棒球為例，「不死三振」就是所謂的「揮棒」。打者不可錯過任何揮棒的機會。假設現在已經有兩好球，只要錯過任何看起來是壞球的發言，就可能變成好球而被三振，若是這樣的話，無論如何都要揮棒才有機會。

這個方法若是套用在簡報上，就是**記得無論如何都要開口說話**，**試圖找出**

下一次發言的線索。

如果是沒有準備的提問或追問，再怎麼揮棒也可能會落空；如果回答的重點與對方的意圖有落差，球棒就可能打不到球。即便如此，比起錯過揮棒機會而被三振，至少揮棒了還有些許可能掌握「不死三振」的機會衝向一壘。

對於難以讀取對方意圖的「惡劣」提問，或是搞錯簡報重點的「錯誤」評論，畏縮地沉默就是「錯過機會」。無論是什麼內容，只要是針對解決問題的發言，就是把握機會的「揮棒」。

「您指的是這件事吧？」、「或許真的不怎麼有趣。不過，我認為這次的企劃沒有必要弄得太花俏。」先隨便說些什麼，對方就會產生一些反應。一開始或許會產生激烈爭論，不過在雙方你來我往之間，通常就會明白「哎呀，對方是不是認為這裡有問題啊？」

就算最開始的發言揮棒落空，沒有命中目標，你也必須盡力揮棒，盡量掌握衝向一壘的機會。

對於任何問題或要求，如果想試著回應的話，該怎麼做才好呢？

首先，**對於對方的任何發言都要「接受」**。要先承接對方的問話，不能任由對方的發言飄浮在空中而無人回應。飄在空中沒有落點的發言將對整個簡報、發表產生不良影響。

就如「不死三振」的名稱，我想就算揮棒，打不到球的機率也會很高。揮棒落空的可能性也有。即便如此，還是儘管揮棒，伺機找到盜壘的機會。

許多人明明就已經花時間準備了，「在現場卻不努力求表現」，剛進公司的我也是如此。

簡報、發表的成敗有一半的機率是取決於現場的表現。再怎麼用心準備，如果現場發生的突發狀況無法「拚命」、「全力動腦」應對的話，最後還是不會成功。

簡報、發表「在一開始的時間點就要分出勝負！」，在心中以這樣的氣勢對自己喊話，這樣表現出來的成果也是剛好而已。

事前準備的資料只不過是材料，在現場熱絡的溝通更會大大地影響成果。否則就只是一場「交付資料的提案」而已。

在現場中，對方的感受如何？喜歡哪個部分？覺得有何不滿？你必須全心全意去感受。對於意料之外的提問，你必須先說點什麼，並藉此找出對方內心的真正想法。

就像這樣，後來我終於瞭解「現場反應比準備重要」的道理。在現場中加油。在現場中拚命努力。沒錯。「意外狀況會發生在現場，而不只是發生在準備階段。」

譯注——當投手投出第三個好球時，如果捕手沒能接到球，則打者可試圖往一壘跑。若打者能在捕手傳球到一壘前安全上壘，雖然紀錄上仍算一次三振，但是打者可上壘且不增加出局數，這種情形稱為「不死三振」。

2 微笑回應

做簡報或發表時，臉部的表情也是不可輕忽的要素。基本上要保持微笑到臉頰疼痛的程度。

如果你呈現不開心的表情，對方也不會給你好臉色看；如果你抱持堅決的態度，對方也絕對不會讓步；若你內心稍有敵意，相信對方也不會對你太友善。

說起來，許多人**聽簡報或發表時，總是對說者抱持著某種敵意**。就算還不到敵意的程度，其態度也是「要嚴格檢視」、「找出對方錯誤的地方」。

如果對方是客戶，對於試圖推銷商品、服務或是企劃案的我方，內心就會抱持著某種警戒感，也就是「不要隨便相信好聽的話！」、「不要輕易被騙！」等等想法。

若是公司內部的發表，部長或課長會帶著「教育下屬」的想法而採取「嚴格檢視」的態度，這對於說者而言，感覺就是某種敵意的狀態。

對於那種敵意，身為說者的你很容易視為某種「攻擊」。而且，你的臉色也會變得難看。眉頭一皺，臉上顯現出「你這樣真的讓我覺得很頭痛」、「果真問了一個難以回答的問題」、「別開玩笑了！你到底有沒有好好聽我說明啊」等等情緒。

口才拙劣的我也曾經那樣。越是覺得自己不擅長做簡報、發表的人，隨著那樣的笨拙感，臉上越會露出難看的表情。

臉部表情不僅影響對方的反應，也連帶影響自己的情緒。一旦臉上露出難看的表情，自己的內心也會覺得「提出這樣的問題真是討厭」，連帶影響了自己的情緒。

那麼，該怎麼做呢？基本上，無論如何就是微笑以對。**所謂伸手不打笑臉**

人。就算難以讓對方抱持善意，至少也一定能夠有效降低對方不必要的敵意。

接著，一邊微笑一邊保持柔軟的語氣，同時毫不留情地反擊。關於堅持我方的主張，絕對不要客氣。如果對方的提問沒有打到重點，請一邊微笑，同時以柔軟而堅定的語氣指出對方不對之處。

我以前任職的公司有一位被稱為「光靠低頭一招就簽二十億訂單」的業務員。「低頭」象徵善於應酬，這名業務員單靠這招就博得客戶高層的歡心而取得大筆訂單，因此而聲名大噪。就算是面對年紀、職位都比他小的我，他也是面帶微笑地主動前來對我說：「這個案子就拜託你囉！」從旁人的角度來看，這個人沒有特別優秀的能力，而他卻以「面帶微笑」為武器，晉升到相當高的職位。

做簡報或報告時，經常發生對方沒有仔細聆聽或理解不足，以至於已經仔細細說明過的內容，還重新問一次。雖說如此，你也不能表現出「我剛剛已經說明過」的焦躁心情而不回答對方，或是表現出「無法獲得對方認同」而顯露沮喪的神情。總之就是努力保持微笑，重新說明我方的想法或主張就好了。

人會被表情或語調影響，更進一步來說，會被表情或語調欺騙。明明你接受對方的主張，卻擺出一副嚴肅的臉孔或是以刻薄的語調說話，光是這樣對方就會被你影響。相反地，如果你採取「微笑回應」，就算你以極為強硬的態度堅持主張，或許對方會出乎意料地採取你的意見呢。

3 想到什麼就說什麼

優秀人才經常會發生一種情況，那就是潛意識告訴自己要「確實」表達自己的想法，以至於錯過時間、失去發言的機會。特別是在會議中，「插入」別人的發言，這對於優秀人才而言是一大障礙。

自己在腦中設定了各種狀況卻說不出一句話，以結果來說，這樣的存在「如同不存在」。

像這種時候就要採取「想到什麼就說什麼」法。在多數人的會議中設法插入自己的發言，這樣的做法能夠發揮強大的威力。或許有人一開始覺得很困難，總之就設法試試看吧。習慣之後，你就會發現其實並沒有自己想的那麼難。

那種感覺就像是「打通大腦與嘴巴之間的神經通路」。腦中浮現什麼嘴巴就說什麼，先從這個方法開始。

一開始說什麼都可以，不用推敲斟酌，無論如何就是說出口就好了，接著再逐漸補充內容。在會議這種公開場合中發表自己想的一堆亂七八糟的想法，某種意義來說，就是逼迫自己追著自己的想法努力思考。

這個方法就類似用英語說話。如果想好整段正確的文章才要開口，那就永遠沒辦法說話。腦中想到「想要」，就先說「I want」，然後想到「飲料」，就接著說「something to drink」，但是想喝「冰的」，就再加上「something cold」，腦中想到「如果可以的話，有啤酒最好」，那就再補充「for example, beer……」，大概就是這樣的感覺。

在會議中發言時，最先說出口的就算是簡單的感想也沒關係。例如「我覺得這個想法不錯」等。不過，光是這樣說無法構成有意義的發言，所以就要繼續補充內容。

圖7

用英語說話的感覺逐漸補充發言內容

STEP1 首先，說出腦中浮現的想法

這個想法不錯。
我也這麼認為。

STEP2 一定要加上理由

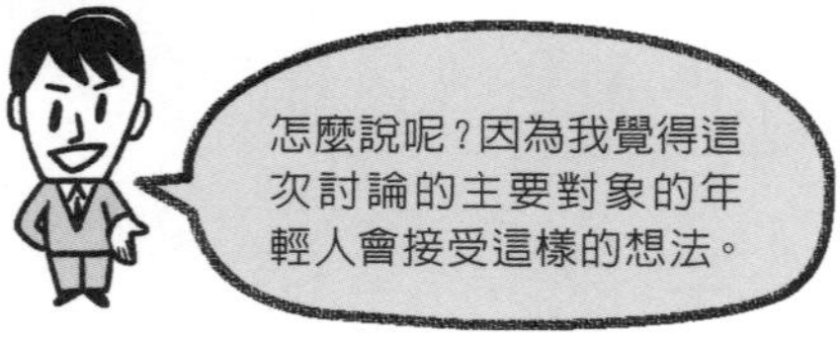
怎麼說呢？因為我覺得這次討論的主要對象的年輕人會接受這樣的想法。

STEP3 進一步說明理由

我這麼認為的理由是……

CHECK!

整理好腦中的想法後再開口說，這樣太慢了。先一邊說，再一邊補充內容就可以了。口才好的人都是用這種方式說話。

必勝法就是一定要加上「理由」。首先，嘴巴說出「我覺得這個想法不錯」之後，接著就要繼續補充說明：「怎麼說呢？因為我覺得這次討論的主要對象的年輕人會接受這樣的想法。」然後，如果可以的話，就進一步申論理由繼續發言：「我認為年輕人會接受的理由有以下幾個……」

還有一個重點，這時**應該注意的是切莫說出「我還沒整理好」的藉口**。

經常看到大部分的發言都是說：「我還沒有整理好。」沒有人想聽那樣的發言，而且那樣的發言內容也只會在別人腦中留下「那人說話沒有內涵」的印象，這種情況絕對要避免。

說出浮現腦中的想法。大腦與嘴巴之間連結著一條快速道路，「想到什麼就說什麼」，這個方法請務必試試看。

4 謝謝指教

有人提出尖銳問題時，自己就會板著一張臉，不僅如此，對方都還沒說出自己的感想，只是說一句「我想是這樣的」，就認定對方會提出嚴厲的評論。

我年輕時也是這樣。

如果採取這樣的態度，擺出無論如何都要通過自己的提案或主張的架式，你最先開口說的一定是否定的句子。例如「不，我想……」或是「所以我就說……」。

其實你必須先說的是**「謝謝您的指教」等肯定的回覆**。

請想像自己是提問者或評論者的情況。當你有個地方不清楚而提問，對方劈頭就說：「不，不是那樣的。」自己的疑問以及提問的態度都遭到否定而未能獲得解答。

若是這樣，你內心的感受如何呢？如果是我，一定會更進一步地在對方說話的內容中找出負面的重點吧。

任何想法都能夠找到負面的重點。這世上不可能存在著完美無缺的想法。所以，如果我是提問者，而說話者對我的態度卻是「不，不是那樣」、「所以啊，就如同我剛剛說明的那樣」，就算實際上只有一點疑慮，在對話的過程中也非常有可能會走向極力否定該提案的方向。

心理學將「攻擊行動的動機」分為四種，其中的「防衛、逃避」或「制裁、報復」等就是這種情況。簡報中意見或評論的往來也一樣，當對方感覺你的態度具有某種「攻擊性」時，對方就會「防衛、逃避」你的攻擊，或者對方極可能會主動採取攻擊，試圖「制裁、報復」你的攻擊行動。

史奴比漫畫中的主要人物查理·布朗（Charlie Brown）也這麼說：「透過

觀察，你就會明白當你想要攻擊別人時，別人也會試圖反擊。」

如果是我方提案，對方評論的情況，也就是在大部分簡報或發表的場合中，無論聽到何種負面的評論，都先向對方表示感謝之意吧。實際上，對方願意動腦評論或是想問題提問，光是這點就應該心生感激了。

如果你這麼想的話，對於提問或評論先從表達感謝之意開始做起，好像也是不錯的方法。不要害羞，就大聲說出：「感謝您的指教。」如果以往對於大聲說話的行為心生抗拒，那就養成習慣吧，讓自己對於任何事情都習慣說「謝謝您」。

如果內心真的很感謝對方「提出問題或評論」，那麼說出口的感謝也就變得很自然了。

「總覺得一下子要我向對方道謝，我會有抗拒感耶。」或許有人會有這樣的想法，我也非常能夠理解。

像這樣的情況，也可以滿臉笑容地點頭附和。光是態度或舉止方面透露出肯定的訊息，就可能大幅降低對方進入無謂的「對抗模式」。

圖8

自己的提案遭反駁時的應對方法

CHECK!

否定的態度會產生對立，使自己的立場更陷於苦鬥的狀態。請以正面的態度回應，為接下來的對話塑造良好的氣氛。

請提醒自己，如果可以的話就要說出口，如果很難說出口，就以滿臉的笑容點頭附和。對於對方提出的評論或問題，要先回以肯定的反應，為後面的談話塑造良好的氛圍。

這樣做一定會帶來好的結果。請務必試試看。

5

一禮二附和三主張

如同前一單元所提的，對於對方提出評論或問題，首先要表示感謝之意。其次就是以「附和」暫時接受對方的主張。藉此調整現場狀況，準備妥當之後再重複自己提出的主張。我稱這個方法為「一禮二附和三主張」。

向對方致謝之後，請明確地附和對方。然後試著說出：「原來如此。」前面也提過的**「原來如此」是具有魔力的語言**。對提出問題或評論的人表示同感。

就算是否定自己主張的評論，也是相同做法。「對於這項提案，我擔心會有這個風險。」就算對方給予負面的評論，你也要微笑以對：「原來如此。」

這話意味著「我明白您的意思」，表示「我瞭解您想表達的內容」。如果對方說：「擔心會有風險。」你就要以「我明白您的心情」的涵義說出「原來如此。」

像這樣的情況，說出「原來如此」之後，還要繼續說明「我們一開始也思考過這部分的風險，不過因為這個理由，所以我們認為風險不會太大。」，或是「其實，確實多少會有風險，不過藉由這個方法可以降低風險。而且，就算考慮了這個風險，我們的提案也非常具有執行的意義。」

總之，就是從「二附和」轉移到「三主張」。

這時候的主張基本上「應該」與簡報最初所提的主張一樣。如果是經過詳細思考的主張，就算多少存在著負面的缺點，也應該是一項能夠覆蓋缺點的優良提案才對。根據這樣的推論，在簡報或發表結束時的提問或評論，就不應該輕易地改變原本的主張才對。

近來無論是政治或商業界，都以「堅定主張」為關注的焦點。能夠輕易改

圖9

如何堅定主張貫徹意志

1.感謝對方的評論或提問

2.清楚地附和對方

3.陳述與原主張相同的意見

CHECK!

真誠地回答對方的問題或評論，同時傳達自己主張的重點。避免固執己見，但也不要輕易改變自己的主張。

變的主張無法獲得信賴與支持。正因為大多數的人都有這樣的想法，所以「堅定主張」才會成為主流價值。

簡報或發表也可以說是同樣的道理。當然，我不是要你「固執己見」，真誠回答對方的提問或評論時，也要從各種角度聚焦在自己的主張。

經常發生提問或評論的主旨與我方主張的重點分歧，像這時也可以使用「一禮二附和三主張」法。

傷透腦筋最後很容易變得語無倫次，或是附和對方的說法，說出與自己原本主張不同的意見。不過，利用一禮二附和的方法，不僅可以避免與對方為敵，主要也是為了加強其他聽眾的印象，所以在簡報或發表中應該不斷重複自己主張的重點。

6 找出真心話

不知道對方提問的真正意圖，無法回答真是痛苦啊！

聽簡報或發表的人，不見得每個人都具備良好的溝通能力。相信各位應該都有注意到這點吧。**每個人都能夠簡單易懂地確實提問嗎？其實不然**。

然而，說話者總是會不知不覺地高估對方的能力。我方提案或發表談話，對方是判斷提案好壞或是評論的人，這樣就以為對方具有優秀能力，從不認為「對方的提問方法很奇怪」。不過，事實卻剛好相反。如果有此認知的話，就能夠打開局面。

就算是部門內部的發表，聽者是主管或其他部門的課長或部長，情況也是一樣。主管或課長、部長，在某些意義來說應該是有能力的人，但是不見得每位長官都擅長溝通。倒不如說，大部分的情況都是下屬早已經事先探詢主管的意圖，所以其實許多高層對於下屬或外人根本不擅長表達自己的想法。

許多人聽了提案說明後，經常會說：「感覺聽不懂。」以說話者的角度來看，「所謂聽不懂，指的是哪部分？」不過，自己也只能努力找出對方聽不懂的部分，找出對方內心真正的想法。

有時候對方會問：「能不能提出更有力的提案呢？」

這時，「更有力」也是一個謎樣的用語。老實說，你無法輕易搞懂到底應該具備什麼因素才是對方所謂的「更有力」。像這種情況，說話者也只能努力引導對方說出真正想表達的內容。

要怎麼做才能引導對方說出真心話呢？

對方腦中的想法是什麼呢？你一邊拚命想像，一邊反問對方。這是為了釐清對方提問的意圖所提出的問題。透過這樣的對話，以簡單易懂的方式引導對方說出內心真正想問的問題。

像這種時候，具體來說應該問些什麼問題才好？以下我提三個問題，請各位想想哪一種提問方式才是正確的。

Q1能否請您盡量清楚說明，您做出此評論的用意？

Q2總之，就是這樣的感覺吧？

Q3請再詳細說明所謂「更有力」是什麼意思。

各位看出來了嗎？應該明白了吧。

正確答案是2，1或3都不對。

理由是，對方就是因為想不出精確的表達方式，所以才會說得含糊不清，而你還要求對方「清楚說明」，這無疑是當著對方的面說對方無能。

為了幫助對方把模糊的不滿具體化，我方必須提供協助。詢問對方**「例如**

是這件事嗎？」，或是「**您提問的主旨，換句話說是這個意思嗎？」**就算不容易馬上問出對方確實的內心話，透過這樣的溝通，對方也會逐漸找到精確的表達方式。

另外，縮小範圍的提問或是引導方向的提問也是有效的做法。

對方就算知道「現在這個提案的做法不ＯＫ」，**但若是你反問「您想要什麼樣的提案？」對方腦中也沒有清楚的想法**。像這種情況，你必須努力縮小範圍，搞清楚對方所謂的不明白指的是「哪部分不明白」。

或者，所謂「更有力」的提案指的是華麗炫目或是咚一聲的重量，還是讓人驚訝的意外效果？找出對方想要的方向也是有效的做法。

無論如何，在大部分的情況下，**「把提問者視為拙於發問的人」**，內心存著這樣的想法，對說話者本身而言是有利的。因為，這樣就算聽到愚蠢的問題也容易應對，若是聽到容易瞭解對方意圖的問題，則更能夠輕鬆地回答。

7 裝傻矇混

我想利用前面介紹的各種方法就足以應付大部分的提問或評論。不過，其中也有人會問：「難道不應該正面回答問題嗎？」

會發生這些情況，通常都是與你的簡報、發表內容主旨無直接關係的提問或評論。對方發言的主要目的只是想陳述自己的立場或意見，大概都不是決定者所發表的評論；或者對方為了強調自己的存在感，只是為了發言而發言。

即便如此，如果對方是客戶公司的一員或公司其他部門具有某個位階的人，那就不能完全無視對方的存在。雖說如此，若要認真回答又會發生偏離簡報或發表主題這種不受我方歡迎的狀況。

針對這樣的狀況，也只能「巧妙地矇混過去」。我稱這種方法為「裝傻矇混」法。**巧妙地裝傻矇混，不直接回答對方的問題，一再替換其他的答案，並且不斷重複自己的主張**。

例如以下的情況。假設有某家企業委託我方做戶外活動企劃案，為此我方提出企劃案並對客戶做簡報。有一位該公司其他部門的員工A以旁聽的身分列席，並提出以下問題。

A：「如果下雨的話，要怎麼處理呢？」

我：「下雨的話，我們會在附近準備一個室內的場地，同時縮小活動規模舉行。」

A：「不過，我覺得戶外活動就一定要在戶外舉行啊。」

就像這樣，A先生這位其他部門的員工繼續發表他的高論。

如果他一直這樣堅持，那就沒辦法回答了。這個人可能只是單純地想發言，也可能根本就是反對「戶外活動」。不過，我這邊是因為接受對方委託

「戶外活動企劃」而提案的，如果認真回答就會沒完沒了。

像這種情況就不能認真回答對方的問題。請微笑以對，同時矇混對方的提問，繼續以其他的答案回答。

「是啊，不過戶外活動的魅力無窮哪。」

「如果移到室內，我們也會盡最大的努力呈現戶外活動的魅力。」

「在這點來說，這場活動的魅力……」

以「不直接」回答的方式持續回答對方的提問。

你或許擔心這麼做會失禮？不，說起來，以我方的角度來看，對方（提問）的動機或所處立場才是不正當的，而且對方的提問與企劃案的決定沒有實質關係，所以最好巧妙地「不把對方當對手」才是。

雖然我在此教各位這個方法，不過坦白說，我也是非常資深之後才學會這個技巧。請各位務必記住這個「裝傻矇混」法。

8 先說數字

許多事情一旦從固定模式切入，就會意外地覺得輕鬆。

例如日本詩的俳句或川柳等都是以固定的五・七・五模式。或許有人會覺得這樣很呆板，不過，也可以說正因為決定了固定的模式，所以因此產生許多創意。如果被授權可以任意發揮，反而想不出該寫什麼。但由於有了固定的五・七・五規則，腦中會浮現各種創意。這是沉迷於川柳的朋友告訴我的。

在會議中的發言也是如此。在此介紹一個看起來困難，做起來很輕鬆的方法。我從年輕時開始出席了無數次的會議，發表許多次迫不得已的發言以及克服許多現場困難的狀況，逐漸地，我整理出這個「先說數字」法。

在有多數人發言的會議中，一個人的說話時間不能拖太長。還有，如果你還在慢慢整理思緒，話題不斷往前推進，你就會錯過發言的機會。或者簡報或發表後回答問題時，也都必須在相當短的時間內思考、回答。

在短時間之內思考、短時間之內發言。若想做好這點，請務必學會這個必殺絕技，那就是先說出「重點有三個」的「先說數字」法。

在會議中，針對某人發言的內容，如果自己也覺得不錯，就要開口說：「剛剛的發言我也覺得是個不錯的提案，理由有三個。」先**說出「有三個理由」是這個方法的重點**。

「第一，這個提案與目的一致；第二，這個提案是以具體的數字呈現預期效果；接著是第三，……」。

各位覺得如何呢？各位當中可能有人會擔心如果自己說了「有三個理由」，但是腦中想不出第三個理由，那該怎麼辦？

那麼，就讓我們實際來試試看吧。我們試著舉出三個例子，請想想哪一個是正確解答。

1 **最重要的是，因為我自己也想參加看看。**

2 **就算考量現場的狀況，也是一個可以實施的實際提案。**

3 **聽了提案內容，可以感受到提案者本身的熱情幹勁。**

各位覺得哪個是正確答案呢？其實「三個回答都ＯＫ」。因為理由什麼的，你說是就是了。

一邊開口，一邊把浮現腦中的想法說出來，同時繼續想下一個理由。如果還是想不到一個合適的理由，坦白陳述自己的感想也就足夠了。

當然，如果腦中從一開始就想到三個重要關鍵點，那就真的很放心了。所以一邊聽別人發言時，覺得好，理由是什麼？覺得有問題，理由又是什麼？寫下關鍵字或單字就可以。記下二～三個理由並標上號碼是最好的。

回答問題時，要領也是一樣。假設在商品開發的提案中，部長問：「我瞭解你提案的新商品是設定十多歲的女性為目標客群，但是為什麼你不設定十多歲的男性呢？」如果在這之前你就已經設想這樣的問題而且也準備好答案，那就沒問題。萬一這是設定外的問題，那該怎麼辦？

「是的，同樣是十多歲的客群，我鎖定女性而非男性的理由有三。」

（一邊說著，一邊拚命想理由）

「第一，因為這個歲數的女性對於資訊很敏感，比較容易關心新商品。」

（繼續努力想理由）

「第二呢，本公司整體帶給人女性特質的印象，所以我覺得女性客群比較容易接受本公司推出的商品。」

（哎呀，好痛苦啊，還有一個，是什麼呢？）

「第三個理由啊，以我自己本身的經驗來說也是這樣，年輕男性眼中只有年輕女性。也就是說，如果這項商品能夠在年輕的女性客群中熱賣，未來也能夠把男性的需求列入考慮，開發男性版本的商品。」

就像這樣殺出一條血路吧。比起模糊地不知該說什麼，先說出數字並針對數字絞盡腦汁想出理由，引導聽者的心情，最後一定會順利解決。

順帶一提，如果公司帶給消費者的是男性特質的印象，就可以說：「這個提案是為了挑戰公司缺少的女性特質，所以鎖定女性客群。」

是吧！總是有辦法把話轉成你要的結果。

當然，數字是二或四都無所謂。不過，以我的經驗來說，三的感覺最好。從「多重觀點」、「各種角度的觀察」來看，大多數人會覺得兩個重點太少，但重點如果超過四個以上，記不住或無法完全理解的人就會變多。

9 回到最初

就算使用前面介紹的各種方法，無論如何都無法突破現狀，該怎麼辦？無論怎麼回答，對方都會提出窮於應付的問題，又該怎麼辦？

吃盡無數苦頭，這時我通常會使出一項祕技，那就是「回到最初」法。

在現場拚命動腦，使出各種技巧，即便如此還是無法打開局面，**如果窮於應付的話，就要回到「最初……」**。盡量回溯到這個話題的根本，也就是「源頭」。

「這個企劃案，不會太樸實嗎？」

「確實，若要說樸實或許可能很樸實，**但是最初**我們就是認為目標客群對於太華麗的商品已經感到厭煩，所以才提出這樣的企劃案。」

「為什麼要鎖定疲勞的目標客群呢？」

「**最開始**貴公司在說明時是以四十多歲的單身女性為目標客群，不過依照我所理解的，貴公司的客戶組成結構中，該客群的人數很少。」

如果這樣回溯的話，提問者也就能夠明白我方提案的主旨或價值。接下來就會繼續討論「這個目標客群真的適當嗎？」等議題。如果對方接受「最初」的論調，也就會接受提案吧，否則就要重新檢視「最初」的想法，這樣就能夠在下一次提案重新修改。

偶爾會發生雙方對於「最初」的想法不同調的情況。像這樣的情況，就算說服對方接受提案或是部分的細節，效果也不彰。

透過無數次的回溯，能夠確認哪部分扭曲了、到哪裡為止是OK的，也能夠確實掌握從哪部分開始重新檢討就好。

回到「最初」的好處有以下幾項：

- **針對只以好惡或感覺而遭否定的細項討論，能夠以邏輯說服。**
- **透過邏輯，能夠再次說明我方的意圖。**
- **就算最後提案的細節遭到否定，也能夠成為下次提案的方針。**
- **由於簡報的討論更為深入，容易獲得對方滿足或好評。**

如果窮於回答或是無法突破狀況，要經常回頭話「當初」，回溯最早討論的源頭。這個方法真的非常有用。

10 坦白道歉

當對方提出一個極為嚴苛的評論或是戳到你的痛處時，如何應對才是正確的呢？像這種時候，不要緊張也不要說些不上道的藉口，請直接採用「坦白道歉」法吧。

該承認的時候就要果斷承認。比起說些奇怪的理由說服或是硬幹，道歉絕對、絕對會讓討論更順利。

任何提案一定都有好的部分與不好的部分，有正面的看法也有負面的看法。任何提案當然也都有弱點。

打破常識、令人驚豔的提案通常伴隨著很高的風險，反過來說，全力排除風險的提案則欠缺亮點與令人印象深刻的特色。對於年輕人而言的嚴苛企劃，或許中高年紀的人不這麼認為；在都市獲得支持的想法，搞不好在地方上完全不受歡迎。

如果對方是個嚴格的人，無論提出什麼樣的提案，也會被對方找到許多可追究的問題點。

正因為如此，更必須採用「坦白道歉」法。當對方提出一個具有邏輯的負面評論時，絕對不要發怒否定對方。創作一段旋律♪誠實地道歉♪內心哼著歌，以這樣的態度面對吧（年輕人可能不瞭解這段梗吧）。

假設你想要以印象深刻、打破常識的路線思考企劃案，當對方詢問：「這樣不會有風險嗎？」你要坦白承認確實會有風險（而且不是以驕傲自大的態度，而是以有點抱歉的感覺承認），除此之外，請強調「我會執行盡量控制風險的方案」、「雖然多少會有風險，不過這是值得的」。

也是為了這個緣故，**必須盡量在事前找出並確實掌握企劃案的優點與缺**

點。如果是團隊企劃的方案，請找不涉及內容、立場中立的人為對象做練習，請對方特意提出負面的問題，這也能夠在事前加強掌握優點及缺點。

被對方指出事前已經掌握到的缺點，以及被對方指出事前沒有掌握到的缺點，兩者的應對流暢度就完全不同。從這層意義來看，透過各種角度檢討並掌握優點及缺點，才是最佳的應變對策。

有時也會被指出事前完全沒有想到的缺點。例如，雖然完整地考慮了消費者的狀況，但是卻萬萬沒想到通路方面出現反對意見。

像這種情況，請誠懇地「坦白道歉」吧。「原來如此。或許正如您所說的。真的很抱歉，我事先沒有想到那點。」像這樣坦白道歉，然後再度強調提案的優點，「關於您這回指出的問題點，我將會在下次會議時帶來解決方案。」

如果你判斷帶回公司討論或是被提出的缺點會造成重大的影響，就應該考慮修正原來的提案內容。因為你的目的不是要使提案通過，而是希望對方採用好的提案，得到滿意的成果。

第 4 章

再也不哭泣！再也不焦慮！

為了演出成功
應該做好的十二件事

最後我想傳達一個重要觀念，那就是不要讓自己處於被動狀態。
內心感到不安是要你多加努力的徵兆，緊張是不想犯錯的表現。
由於能做的事情都已經做了，
剩下的就是相信自己，享受現場的對話吧。
脫離笨嘴男（笨嘴女）生涯，就剩下最後一步了。

1

把對方的資訊當成自己強大的武器

做簡報或發表談話其實就是對話，也就是溝通。對方有反應，這場對話才算成立。所以，無論面對什麼樣的對象，都不可能做出完美的簡報、發表。

不過，就算內容的核心部分不變，**說話方式或傳達方式也必須依對手的不同而有所調整，這樣就能夠做出帶來明顯效果的簡報、發表。**

依對象不同而調整做法，這時最有幫助的是什麼呢？那就是**有關對方的資訊**，這是做簡報、發表談話時，影響對方情緒最強而有力的武器。

不過，只要事前沒有特意蒐集，你就無法取得簡報、發表對象的資訊，也會在沒有任何資訊的情況下硬著頭皮上場。請千萬別遺漏，一定要盡可能地努力蒐集對方的資訊。

對方是理性的人還是感性的人？過去十年之間做過哪些工作？家族成員有哪些？哪個大學哪個科系畢業的？有沒有其他具有特色的故事？

我不是要你透過這些資訊改變提案內容，而是要參考這些資訊調整你的說明方式、重點的排列順序或是選擇開場白、話題等等。

對於理性的對象，首先要非常注意邏輯的整合；對於感性類型的人，與其反覆說明理由，倒不如準備一張道出對方心情的相片。這樣的小技巧出乎意外地有用。

我到代表日本通信業的公司進行電視廣告比稿時，就是這樣的情況。根據業務部傳來的資訊，對方公司握有決定權的人是理工科的博士，名片上也印著「工科博士」。聽了幾項對方的事蹟後，感覺對方好像是天才型的人。雖然我們偶爾會在商場上遇到理工科的超優秀人才，感覺「以邏輯說服是當然的，不過影響對方情感的企劃內容才是正確解答」。

我判斷面對這樣的人，一旦過度強調「邏輯整合」，企劃案就會被視為「平淡無奇」。於是在做簡報時，我方極力強調「感性」的部分。例如，「看到這廣告的人會覺得感動」、「這部CM會像那部電影一樣，在觀眾心中留下深刻的印象」、「我自己對於成品非常期待」。最後，不顧各方強力對手的緊追，我的團隊輕鬆勝出。

如果是對新客戶第一次做簡報，在有限時間內熟悉對方的網站是最基本的功課。對方的營業額有多少？公司的規模大小？最近的業績如何？熱銷商品是什麼類型？社長是怎樣的人、會說些什麼話？過去執行過的企劃案都是哪些類型？

透過這些資訊，做簡報時，你就可以用對方容易瞭解的方式說明。例如，「這次提案的內容是根據貴公司的願景所擬定的」、「這次的提案與貴公司平常執行的企劃內容稍有不同，不過也正因如此才更有意義。」

在雙方的言談細節、溝通之中讀取到的資訊等也都能加以運用。「我想藉著貴公司最近業績高漲的氣勢，把握機會乘勝追擊」，或是「我認為與五年前那項熱銷商品、那件商品具有相同要素」等，在簡報的一問一答之間，也能夠巧妙地將資訊填入「空隙」。

無論是做簡報或發表談話，我一定會事先打聽出席人數以及主要出席者的履歷等資訊。就算是對一百個人演講，我也會事先瞭解工作、年齡層的分布等，藉此改變演講中穿插的小故事。如果廣告界的人比較多，我就照著使用廣告用語，反之，如果廣告界的人較少，我就會詳細說明廣告用語等專有名詞。

最後，在正式上場之前，請務必記得要盡可能地蒐集對方的相關資訊。

2 以數字掌握必要的資料

數字有助於大大提高說服力。無須詳細到小數點一位，就算是大概的數目也可以。當然，如果能夠脫口說出精細到小數點一位的數字，在關鍵部分造成的影響也會很大。

年輕時的我對於數字很不在行，只是一味地強調企劃的意義與目標。不過，後來我在關鍵點都會改用具體的數字呈現。

例如：

「對於日本全體國民而言。」

倒不如說，

「對於日本一億三千萬的全體國民而言。」

這樣無論是說者或聽者，腦中都容易產生具體印象。

「我也考慮到這對於整體的廣告業務所造成的影響。」

倒不如說：

「我也考慮到這對於一年六兆日圓規模的整體廣告業務所造成的影響。」

像這樣加入數字更能帶出現實感。

關於自己經常提及的領域，就算是大概的數字也建議要記在腦中。甚至，針對接近自己專業領域的部分，或是當天簡報的重點部分，如果能夠提出詳細到小數點一位的數字，則效果更好。以我研究領域之一的國際廣告獎為例：

×「在全球最大的國際廣告競賽——坎城國際創意節中，有來自世界各地的許多參賽作品。」

○「在全球最大的國際廣告競賽——坎城國際創意節中，二〇一三年就有來自九十二個國家，三萬五千七百六十五件的參賽作品。」

像這樣以具體數字表示。透過這樣的做法，聽者容易掌握訊息，也會提高身為專家的信賴度。

我最喜愛的作家，村上春樹先生也是善於運用「數字威力」的人。舉例來說，「吃了吐司、火腿與起司」，這句話由村上先生來說的話，會成為「我吃了兩片吐司，上面抹十毫克奶油，並夾了兩片火腿與一片起司。」

村上先生獲頒西班牙加泰隆尼亞國際獎時，在演說中提及日本是地震大國，他說：「日本國土中有一百零八座活火山，當然也經常發生地震。日本列島位於亞洲大陸東邊，處於四大板塊交接處的危險位置上。」像這樣有效且靈活地運用數字。這樣的說法比起「日本國土境內有許多活火山」或是「幾個巨大的板塊」等，更具有說服力，也更能呈現現實感。

只是，一味地說出詳細數字的簡報或提案，有時候也會模糊企劃內容的焦

圖10

同樣一句話，怎麼說才能增加說服力

對於日本全體
國民而言。
對於日本一億三千萬
的全體國民而言。
我也考慮到這對於
整體的廣告業務所
造成的影響。
我也考慮到這對於
一年六兆日圓規模
的整體廣告業務所
造成的影響。

CHECK!

光是加上數字就會加強說服力與現實感，提高信賴程度。

點。例如這項企劃案的意義、採用此企劃案的好處、企劃案的目標等等。如果說了太多瑣碎的數字，聽者腦中會留下「淨說些瑣碎數字」的印象，這對於簡報或發表來說，不是一個聰明的做法。

請再看一次企劃書，仔細想想哪個資料或數字要如何巧妙地用在哪些地方吧。簡報或發表時穿插數字說明，或者只說些想法而沒有資料與數字輔助，做法不同，聽者的反應也會不一樣。從我的經驗來說，光是聽者表現出來的神情就有明顯的不同。

3 在準備階段就要思考透徹

我在前面提過「事前練習差不多就好」、「簡報或發表通常不要花過多的精力準備，要更重視現場的努力」。

我所要表達的意思是，簡報或發表是「對話」，是「溝通」，也完全會受到對方或現場狀況影響。

把準備視為固定的內容，卻又想在現場達到完美的表現，這種想法反而會對你造成負面影響，還是避免比較好。

不過，另一方面，「徹底思考」的準備，只要時間允許、能力所及，就要徹底做好。

不擅長做簡報的人很容易以準備為目標，在正式上場時也照著準備內容演出。相對於這樣的準備，我在此所說的準備指的是，**對於任何提問、反應或狀況都能夠隨機應變的準備**。

在簡報或發表的前一刻，請在有限的時間之內，再度思考與這項提案有關的各種狀況。

「一開始提案的目的為何？」

「自己的團隊想要達成的目標是什麼？」

「為什麼這樣做比較好？」

「沒有其他的想法嗎？」

「與想到的其他方案之不同點在哪？哪裡比較好？」

「為什麼這個想法會打動目標客群？」

「目標客群的想法是什麼？重視的是什麼？」

「有沒有風險？」

「要如何降低風險？」
「就算有風險，採用這項提案的意義為何？」
「公司內部或銷售通路有沒有批評的聲音？」
「該怎麼做可以獲得公司內部與銷售通路的協助？」

當然，你無法想盡所有的狀況，而且思考的時間也有限。即便如此，也請以自己能夠理解的方式徹底思考吧。

這時要注意的是，**不要以「應該不會被問到這個問題」的負面情緒來思考因應對策**。

我非常瞭解在正式上場前，內心容易湧現不安情緒的情況。即便如此，也不要把焦點放在負面想法上面。建議你要再次以全新的心情，回到最初的心態，以自己的頭腦徹底思考，直到自己完全理解為止。

最重要的是，你能夠透過這樣的做法對簡報或發表產生自信。因為一直思考的緣故，萬一不幸發生失誤也是沒辦法的事。這時你就會以正面的態度放棄。

介紹一個徹底思考的方法。有時我會到沒有人的公園唱獨角戲。實際發出聲音模擬簡報的情況，努力想像現場狀況，甚至詳細到對方的反應。

如果被路過的人看到，一定是非常奇妙的景象，自己靜下心來想想也會覺得丟臉。不過，透過這樣極盡思考之能事，最終在比稿中勝出，製作出的杯麵電視廣告在日後獲得全日本廣告播放連盟（ACC）舉辦的獎項。想想就算有點丟臉，也可以視而不見吧。

像這種正式上場之前徹底思考的模擬簡報，或許不是以眼睛看得到的形式進行，不過在必要的時刻，真的非常有幫助。再怎麼尖銳的問題，都能夠以自己的方式消化並回答思考過的答案，也能夠在現場認真回答而不會語無倫次。

還有，最重要的是，能夠在簡報或談話中添加自信的魅力！

4 努力習慣「不習慣的情況」

每星期都跟同一批同事開會，每星期都跟同樣的人聚餐，每星期都跟相同的朋友打高爾夫球。假如你的上班生活是這種情況的話，實在不太能夠期待你的簡報或發表會有多大的進步。

每天過的都是自己熟悉得不能再熟的生活模式，這樣的人對新客戶做簡報、在鮮少舉辦的大型會議中發表談話，或是被問到意料之外的問題時，便無法得心應手地應對。

這種情況隨著年紀的增長更要注意，自己應該有意識地努力突破。

「人要在異地磨練」。在平常的生活中就要意識著這樣的情況，習慣把自

己置身於異地或陌生的狀況，透過這樣的練習，就會慢慢且紮實地提昇簡報或發表時，面對意外狀況的應對能力。

請試著出席幾乎沒有熟人的聚會、參加非自己專業的研討會或學術會議等。確實，這樣做會很累。跟無需太費心相處的朋友在一起總是比較輕鬆自在。

即便如此，如果不訓練自己習慣處於陌生情境的話，萬一遇到這種情況就無法順利應對。在簡報或發表中，無論喜歡與否都會出現的意外狀況，會在身、心方面影響你的表現品質。

前往未曾去過的海外國家也是一樣，請抱持著「習慣陌生環境」的心態吧。努力取得資訊、讓身心進入高速運轉的狀態、設法克服種種的不方便等等，在國外的這幾天就是一個特別適當的訓練過程。

再怎麼蒐集完備的資訊，到了國外還是會有不明白的事情，畢竟國外的語言或文化都與國內不同。當然在國外也會遇到令人傷腦筋的狀況。在瞬時之間做出判斷、包含現場的感受都能夠掌握且做出決定，這樣的隨機應變將有助於簡報或發表時的臨場反應。

就算不去國外，國內的旅行也是有效的做法；就算不出門旅行，光是到陌生的地方用餐，多少也算是一種訓練。請試著變換平常通勤的路線，試著走路到前、後站的車站，稍微繞一下遠路搭乘不同路線，或是在轉車的車站下車，度過個人的時間。

任何異地狀況都有助於簡報或發表的訓練。

還有，閱讀非自己專業或完全陌生領域的書籍也是有幫助的。看看平常不接觸的電影類型。參加自己年齡層不常參加的演奏會。雖然是男生，卻要求加入女性聚會並坐在角落聆聽。

有意識地刻意接觸各種陌生的情境吧。

就像是培養簡報或發表的基礎體力。即便有些麻煩，也請有意識地、開心地挑戰看看。

5 試著以聚餐的規則說話

簡報再過幾分鐘就要開始了，或是接下來就輪到自己發表談話了。哎呀，真的好緊張啊！心臟咚咚跳的聲音連自己都聽得到。在這個時間點，感覺大腦早已經「變得一片空白」。

視野變得狹窄，眼前一片模糊。如果失敗的話怎麼辦呢？聲音發得出來嗎？對方的部長會不會同意我的提案？各種擔心的想法塞滿整個腦袋。

像那樣的時候，該以什麼樣的心情上場呢？

如果是愛喝酒的人，請想像以下這種情況吧。

白天，雖然只是喝白開水，不過請你假裝「哎，這就像是喝酒的聚會一樣」。

這不是工作上的交際應酬，而是交換平常無法說出口的真心話所舉辦的聚會。卸下約束自己的頭銜，脫離領帶或是自己堅守的立場，彼此互相袒露心事。

請隨意想像部門的發表會就像是聚會的續攤，在不失禮的程度，也放鬆說話的語氣吧。在客戶公司做簡報時也是一樣，就想像你全力幫朋友倒啤酒的情況。

我自己改變害怕做簡報的想法的契機是唱卡拉OK的時候。有一次我無意中想到，做簡報就像是在唱卡拉OK一樣。

唱卡拉OK時，你不會在意聽者的眼神或反應，你不總是一邊唱著歌一邊希望大家「聽我唱、聽我唱」嗎？簡報也是一樣，「喂，大家有在聽嗎？聽我說呀，聽我說！」請以這樣的心情做簡報吧！這麼一來，不知不覺你就不會感到緊張，也能夠流暢地做簡報了。

不擅長唱歌的人就請想像「跟同事聚餐」的畫面。就像跟親近的同事說話一樣，「喂，你聽我說啦！」坦白說出自己的想法。

公司聚餐有公司聚餐特有的規則，請靈活運用這個「聚餐規則」。例如下面的幾項規則：

1. **盡量避免生硬的問候，有意識地享受現場氣氛；**
2. **盡量說出內心話，讓對方看到你對於提案的認真程度；**
3. **試著穿插一些笑話；**
4. **不要自己一味地發表意見，請引導對方說出真心話吧；**
5. **最重要的是炒熱現場的氣氛。**

如果炒熱氣氛就成功了！其實冷靜想想，不可能有這種事情發生。不過，一旦你內心這麼認為，對於正式上場前放鬆情緒將有意想不到的效果。

6 先決定自己的立場與定位

如果從各種角度來看的話，任何提案都會存在著缺點或負面的情況。如果對方針對該部分嚴格批判，你根本不可能提出有效的反擊。某個提案以立場A來看，是一個具有多項優點的好提案，但由立場B來看，則是一個有很多缺點、不應該採用的提案。

雖然多少會有些風險，不過這次試著從新的切入點提出某企劃案。從想藉由新的挑戰帶給目標客群全新印象的角度來看，這是個應該採用的提案；不過，從效果差不多就好，應該盡量降低風險的立場B來看的話，就不應該採取這個提案。

我曾擔任廣告招募的評審，也曾經為推廣某縣的雜誌擔任廣告招募評審人員。招募中評估廣告表現的立場與所處位置各有不同。

其中一個觀點是，廣告如果實際刊載在雜誌上，預期會達到多大的效益。

或者另一個觀點是，雖然廣告本身會有風險，不過以挑戰的精神來說是否表現優異。

甚至也可以從創意或切入點是否新奇有趣這個角度來評估，即便企劃案最後的修飾仍嫌不夠精緻。

或者就算缺乏挑戰精神，不過也可以從整體的整合性來決定。

就算以綜合性的觀點來看，也會有非常好的企劃案與完全不行的企劃案。一旦進入最後決定第一名的階段時，根據立場或觀點的不同，投票結果也會不一樣，出現不同答案也是理所當然的。

另外，我也曾經見識過代表日本的創意人爭相表達自己意見的激烈現況。他們的發言都是表達基本的「立場」、「角度」。例如，「廣告就應該樂在其中」、「廣告就是要拍得唯美浪漫」、「廣告應該具備新的挑戰」等等，大部分的人都是基於這樣的「角度」發言、交換意見。

簡報或發表也是一樣。**當討論越深入，最後的判斷也會因為觀點、立場而改變**。如果毫無依據地面對提問或評論，就會使自己陷入困境。

這裡所謂的觀點、立場也可以說是你鎖定的目標。「自己是以什麼為目標而想出這個企劃案的？」、「我是以哪一個重點為基礎累積論述的內容？」清楚確定這點就能夠避免在現場驚慌失措。

當討論越來越深入卻毫無進展的時候，不斷確認自己的觀點，並且強調自己思考此企劃案的立場就可以了。

7 逆轉自己被觀察的情勢

做簡報或發表談話的人經常是被評估、被觀察、被查看的一方。你是不是也這麼想呢？你一定認為：「這本來就是正常的吧。」

在做簡報或發表的場合中，**為什麼你會感到緊張？因為你是被觀看的人，是被評估的人，也是被觀察的人**。

當我還是痛苦掙扎，試圖表現的笨嘴男時，有一次不經意地看到聽簡報的客戶們的模樣。

有的人看起來就是主管職位的人，有的人就算不說話也讓人感受到壓力，有因為其他工作不好處理而顯得精疲力竭的人，也有不想出席卻不得不出席，看起來心情不好的人。

我再度從我的角度觀察對方，雖然觀看的角度依舊，不過卻看到各種不同的情境。結果，不知為什麼緊張的感覺舒緩許多，很奇妙地，我的心情就平靜下來了。

「原來如此。」我內心思忖著，「這是因為我改變了自己是被評論者的想法，所以才會變得平靜。」於是我決定：「若是這樣的話，那我說話時也同時有意識地觀察對方吧！」

總之，就是主體（觀察者）與客體（被觀察者）關係的翻轉。只要對方是觀察者，主體就是對方，同時主導權也在對方手上。一旦我方變成觀察者，主體馬上就變成我方，現場的主導權也隨之轉移。

這個做法非常有效。

在會議室入座後，在開始說話之前或打招呼時，就要一直盯著對方觀察。職位最高的就是坐在最中間位子的部長吧。不過，這個人在這個企劃案上，總是會尊重坐在角落的負責人的意見呢。從其他部門來，坐在另一個角落的這個人總是擺出一副「想要說些什麼」的態度。就像這樣，以自己的方式觀察、評論。

在搞清楚觀察與推測內容是否一致之前，**透過「觀察與評論」的方式就能夠獲得靜下心來的好處**。當然對方的權力關係或是每個人各自不同的立場，對於簡報的成敗都很重要，所以說話或回答問題時也應該持續觀察。不過要記得你是為了降低自己的緊張感而觀察對方的。

甚至，你也可以擅自想像對方的背景或私人生活，這麼一來，做簡報的緊張感甚至會消失不見。

這個人是追求出人頭地的類型吧；坐在那邊的那個人，看起來是怕太太的人；這個人才剛被主管訓了一頓，真是辛苦啊；坐在角落的那位小姐，沒想到說話還挺有氣勢的。

如果腦中不斷想著這些事情，簡報也會帶來某種樂趣。

我在某家已經傳承到第二代社長的公司連續五年成功通過比稿。不過，我做簡報時就是那樣的情境。一年一度，每家公司競相提出企劃案比稿。如果仔細觀察十人左右的出席者，你就會非常瞭解每個人各自關注的焦點。

大家都是該公司的高級幹部，所處的位置也都不一樣。有的人特別在意社長的真正想法，有的人會實際考量企劃案是否有助於提昇業績，也有跳槽來的新人試圖提出異於他人的想法而看起來很緊張等等。

就算是現場聽簡報負責評估的人也不是絕對的評論者。這個人如何評論你的簡報？是否採用你的提案？指出哪些問題點？說了哪些意見等等，這個人也會被主管或周邊的人評論。

就像這樣，一旦你置身於對方的立場，被觀察、被評論的緊張感就會失去意義，這樣你馬上就能夠靜下心來。

8 大膽告訴自己，只要傳達八成訊息就好

這也想說，那也想講，劈哩啪啦地不斷說明並解釋各種資料，結果卻遭反駁、被問各種尖銳或複雜的問題，搞得滿身大汗！心臟噗通噗通跳，焦急地翻閱厚厚的一疊資料，最後還是無法收拾殘局。唉，現在回想起當時的情境還是會嚇出一身冷汗。我以前也曾經陷入那樣的窘境。

為什麼自己會在簡報或發表中陷入這種最糟糕的狀況呢？有一個理由是你想百分之百詳盡說明的心態。

「咦？那是當然的吧。」或許你會這麼想。不過，這樣的想法有一個陷阱。

說起來，百分之百傳達自己腦中所想的事情，這根本就是不可能的任務。再怎麼完整編排的簡報內容，對方也可能會漏聽了某些部分。或許是因為昨晚熬夜感覺非常疲累，也或許因為其他案件的緣故而心神不寧。或者因為手機螢幕發亮，在意不知是誰打來的，所以視線一直落在手機上，結果沒有聽到你最希望他聽到的部分。

另外，也可能是對方不知道最重要的關鍵點。對於我方而言是常識的想法，對於對方而言，卻可能是難以理解的概念。

請注意，**百分之百傳達幾乎是不可能，同時也沒有這個必要**。或者也可以說「百分之百傳達」與「被採用」、「獲得對方認同」等並沒有直接的相關性。

舉一個極端的例子。假設你與對方光是透過聊天，對方就說：「我很滿意，這案子就交給你吧。」既沒有企劃書也沒有其他資料，只以口頭說明主旨：「基本上就以這樣的想法進行吧。」

當然，除非是電影或電視節目，不然現實中不可能出現這樣的情節。另一方面，如果對方說：「你的說明我非常、非常瞭解，不過我無法採用。」這可是一點意義也沒有。

那麼，你的說明應該達到什麼樣的程度呢？

我認為「內容若有傳達八成就很足夠了。」如果是這樣的打算，在討論上就不會耗費過多的精力。

詳細的細項最後再補充就好。「我超滿意的，一切都照著企劃書的內容執行吧！」基本上，現實中不會出現這樣的台詞。

在簡報中，你最想聽到合乎現實的台詞就是「基本上就拜託你了。詳細部分再請你另行補充說明吧。」若是發表談話的場合，則是「整體來說還不錯呢。」

所以，就大膽告訴自己，傳達八成的內容就夠了。

現在回頭想想，那時我這麼告訴自己之後，在職場上就開始無往不利了。從競爭對手的手中搶下好幾支大型廣告，例如起用知名的五人偶像團體S拍攝大型通信公司的電視廣告、英俊小生T長年擔綱演出的信用卡公司廣告、實力派歌手K演出的果汁廣告等等。

我只想傳達這件事給您、我只希望您明白這點，像這樣把焦點放在重要的核心部分就好。若只想要讓對方明白「這個重點」的話，必須以具體事例說明詳細部分。若你抱持著這樣的想法，你就會走向正確的方向。

9 尋找附和君！

做簡報或發表談話之際，各位的眼睛都看哪裡呢？眼睛一直盯著投影布幕是最糟糕的做法，我也不建議你看著手邊的資料。雖說如此，眼神到處亂飄不僅會影響說話的專注力，聽者也無法靜下心來聽簡報。

做簡報或發表談話都是說者與聽者之間的對話。若是這樣，最好的做法就是，十人團體就找十人中的「某位特定人士」，三十人團體就找三十人中的「某位特定人士」說話。

如果是十個人的團體，大概會有一個非常有反應、經常會點頭附和的人。我稱這樣的人為「附和君」。在一開始說話時，我就會馬上在現場尋找這個附和君。

一般的情況下都能夠找到附和君，「喔，有了，在那邊。」然後，就把這個附和君當成自己的朋友，對著朋友開始說話吧。如果他或她用力點頭表示同意，你也點頭致意，或者像回禮那樣微笑以對也可以。

找到附和君，對著那個人說話的效果有二。

第一，聽者感覺你在對他們說話。無論是簡報或發表談話，他們都容易融入說話內容。你能夠建立容易聽懂、容易理解、容易產生共鳴的基礎。

第二，找到附和君會讓你變得容易開口說話。與含糊地對著空氣說話相比，這樣的說話方式完全不同。還有，受到肯定（點頭），說起話來也更加起勁。你會感覺「自己說話的內容是有意義的」，自然就會產生自信。

附和君當中，有的會給你一個令你驚訝的點頭力道或是做出驚訝的表情，也有的會表現出令人感動的舉止。像這樣的人，我都稱之為「超級附和君」。

如果現場有超級附和君，我這邊也會說得更起勁。說話、（點頭）、往前進展、（讚歎）、開個小玩笑、（哇哈哈大笑）、認真的討論、（理解的神情）……自己的節奏也變得更緊湊。如果有一個這樣的人，你也能夠完成連自己都感到驚訝的成功簡報或談話。

附和君無關年齡與性別，經常遇到乍看似乎很可怕的歐吉桑（抱歉！），其實他才是你的超級附和君呢。

那麼，你大概會在哪個地方找到附和君呢？

基本上我都會從**會場的中心點附近**開始找起。如果是一個地方，挑選正中央的位置最好，因為中央位置會影響整體的反應。

以前我上過英語演講的課程，老師教我們要對著最後面的人說話。因為坐在最後面的人很容易脫離整個會場的氣氛，藉由關注最後面聽眾的做法，可以凝聚會場的整體感。

在多達千人的會場中，可以把整個會場分成數個區塊，並且在各個區塊中找出附和君。聽說演藝圈就是這麼教的。這麼一來，觀眾無論坐在哪裡都會感覺講者「對著自己說話」。

對百人以上的學生授課時，我就會靈活運用這個方法，把教室分為數個區塊，並且輪流對著各個區塊說話。

可以說，找尋附和君是做簡報或發表時必須遵守的絕對原則。

10 注意對方的節奏

你覺得做簡報或發表談話時的主角會是誰呢？

是擔任說者的你嗎？

還是擔任聽者的對方呢？

答案是，兩方都是主角。當然，擔任說者的你是主角沒錯，不過如果考慮到簡報、發表是「為了讓對方聽而說」、「為了對方而做」，那麼聽者也是不可或缺的重要角色。

因此，**注意對方的聽話節奏，敏銳地觀察對方的反應是非常重要的。**

現在的我在演講的時候，總是努力地以全身感受會場的整體氣氛。專心感受全體的與會成員塑造出來的「氛圍」、「接受狀況」。

如果覺得對方「好像沒跟上」，就稍微放慢腳步。

特別是做簡報時，要注意擁有決定權者的視線。如果這個人的視線沒有看前方的投影片而是看著手邊的資料，那就稍微等一下吧。通常對方是在意某個部分而看資料，所以只要稍微等一下，對方就會把視線移回投影片上。如果等了一、二分鐘，對方還是沒有抬起視線，請主動提問：「請問是不是有不清楚的地方？」

另外，在發表的場合中，如果感覺可能有許多人不明白兩張投影片前的關鍵字，也要特別回到前面的投影片，簡單說明該關鍵字，然後再繼續往下說明。

我曾經在聽眾席裡隱約發現看起來七十多歲的老人家。由於演講的題目是「來看世界各國的CM」，所以其中有對廣告完全陌生的長輩前來聽講。當放映的投影片中寫著「品牌傳遞的訊息」，我看到老人家臉上顯露出發呆的神情，於是我不斷強調：「這裡所謂的品牌指的不是香奈兒或愛馬仕等名牌，而是一般的商品。」

第二章第八單元「反正又不會死人。把簡報或演講當成『與聽者之間的對話』」也曾經提過，如果做簡報時不使用投影機而是發給聽者資料，這種情況非常容易看出對方的節奏。特別是假設擁有決定權的人還在看第六頁，你卻逕自往前說明到第七頁、第八頁，可以顯見這場簡報的效果將不會太好。

遇到這種情況，請等對方翻到第七頁吧。如果等了一會兒，對方還不往前進展的話，你就要主動詢問：「請問那一頁是不是有不瞭解的地方？」

簡報或發表都是對話、溝通。不是單方面的播放行動。聽者腦中會產生各種的聲音，如「好無聊啊」、「不是很清楚呀」、「講太快了」。

在一般的對話中，如果無視對方的反應將會遭到嫌惡，也無法建立良好的人際關係。簡報或發表也是一樣。

請傾聽對方沉默的聲音吧。如此你的傳達功力一定會大幅提昇。一樣是開口說話，這樣的做法絕對是有效的。

注意對方的聽話節奏，敏銳地察覺對方的反應，有了幾次簡報或發表的經驗之後，就容易想像一般人的節奏與反應了。

11 面對對方的追問，只說腦中浮現的答案

為了炒熱現場氣氛而說了一堆話，卻造成反效果。

真心話具有獨特的威力。自己思考過的內容就算被對方批評，你也不會感到畏縮。

「你應該這麼說」、「這樣說會比較容易成功吧」，或是「如果你這樣說，人家會覺得你的腦筋好」等，若以上述的理由發言，將會造成反效果。一旦被追問，自己就會畏怯，或是被指出矛盾之處，自己卻無法說明。就算試圖說明，又會被指出邏輯的錯誤，最後變得語無倫次。

簡報或發表時使用的資料經常會放入這種「不是自己真正思考過的內容」，搞不好這樣的內容比你真正想說的話還多很多。

以真心說話為什麼不會心生畏懼？**那是因為就算被強硬的氣勢反問，只要以自己的解釋方法說明思考的緣由、過程或理由就好了，完全無需覺得畏怯**。

所以，請記得要經常以真心話為基礎，準備你的簡報或發表。

這件事也與第四章第三單元「在準備階段就要思考透徹」有關。無論如何，就是要記得簡報或發表內容要全都在腦中思考過一遍，並加以理解。

請盡量減少「先放入資料再說吧」，或是「因為〇〇這麼說，所以也加上去吧」等等這類的內容。就算是主管的建議也一樣。做簡報或發表的你都無法理解的內容，就不要放進資料裡，這樣做才會帶來好的結果。

主管的意見要仔細咀嚼直到自己瞭解為止。如果無法瞭解，就要好好地向主管說明。似懂非懂的內容也盡量不要加入簡報或發表的資料裡。當主管也同時出席簡報場合，就應該先跟主管說好：「如果有人問起這點，就請主管您幫忙回答。」

總之，最重要的就是不要說自己不瞭解的事，也不要說自己沒那麼認同的事。

被追問或被問到尖銳問題時，也請以真心話回答。如果是自己真的認定的事情、思考過的事情，無論對方提出什麼問題，基本上只要重複相同的內容就好。一邊表示你理解對方的想法，一邊重覆說明「我是這麼認為」，這才是針對對方深究的問題最有力的回答。

當然，你也必須回應對方對你的指教，只是你在現場無法想到太多能夠回應的對策。

基本上，你應該掌握以下三個基本步驟：

1 **理解對方的想法，並說明你所理解的部分；**

2 **重覆你自己的想法；**

3 **今後將會重新思考1的想法之應對策略。**

如果你只說自己「思考過的內容」，那麼對於任何尖銳、強勢的追問也都能夠充滿自信地回答。

我過了四十歲之後，以上班族的身分挑戰去不曾體驗過，也完全搞不清楚狀況的學會中發表談話。我聽到的傳聞是，「學會那種地方都是具有權威而且很可怕的老師，一般的商業人士到那邊都會被修理得很慘。」據說也有實際的案例發生。然而，我從一開始採取的策略就是「只說自己思考過的內容」，最後輕鬆過關。

反過來說，只說整理過的內容也會馬上被駁倒。「你說的內容有矛盾的地方」或是「這種說法很奇怪」，一旦像這樣遭到反駁，簡報就講不下去了。發表後的提問時間也會兵敗如山倒吧。

避免這種情況發生的最佳做法，就是謹守「只說自己思考過的內容」法則。

12 原本的自己就是最佳的防衛盔甲

我要以幾分的真實面貌來定勝負？這是簡報或發表時最終的課題。

你經常聽人家說「放輕鬆點」，對你說「不要太緊張」的人也應該不少吧。

確實，為了減輕不必要的緊張感，放鬆身體或是告訴自己「反正也不會死」，以緩和緊張氣氛等努力都是有效的。

不過，我覺得這與單純放鬆是兩回事。就算肌肉鬆弛，簡報也不會變得比較順利。

邏輯信手捻來，說話必須流暢而輕鬆。就像是向對方搭訕一樣。連先後順序的號碼都安排好。可以的話，也參雜一、二個笑話。一邊說明一邊確認對方的反應。偶爾出現負面提問，也必須一邊帶著笑容一邊確實應對。

如果以這樣的標準來評斷簡報或發表，可以說就是以會議室為舞台，演出頭腦與情感的綜合搏鬥技巧。別說想要百分之百達成了，根本就不可能做到放鬆身體、放鬆心情。

完成這個綜合性演出，不輸給試圖打倒你的壓力，也不被攻擊性的提問給擊倒，若想做到這些，最好的方法就是不要偽裝自己。

現在的我，以接近如實的自己站在眾人面前。不過，說是放鬆，也不完全如此。站在眾人面前兩小時之後，我還是會覺得精疲力竭。畢竟我還是會繃緊神經在意周遭的狀態。

既不是有人要求我這麼說，也不是試圖扮演什麼角色。我只說出我的頭腦與我內心理解的事情，面對任何的追問，只以自己的真心話回答。

當然，配合現場演出、與對方保持不失禮的適當距離，這樣的真實自己還是存在著。真實的自己為你帶來的平常心不會使你過度緊張。因為，無論被問到什麼問題，只要以「一般的回答」、「如實的回答」應對就好了。

從這層意義來說，**如實的自己是保護你的最強大力量**。如實的自己將成為最堅硬的盔甲。除去頭銜、角色、立場，你如何以如實的自己站在眾人面前呢？

如果腦中帶著這樣的認知出席下一次的簡報、談話，相信你在眾人面前再也不會緊張了。

結語

口才好，工作會進行得較為順利；當嘴巴不再那麼笨拙，我的世界也開始往好的方向發展。

這是從笨嘴男變身為口才好的我內心真實的感受。我自己本身這麼認為，身邊的親朋好友看我，也是如此。

當然，也有人雖然不善言辭依然大有成就，不過那也只是極少數的人而已，也僅限於擁有其他更優秀能力的人。

幸運的是，如果方法對，努力的方向也一致的話，口才變好也就不是什麼難事。任何人都辦得到，無須特別的才能或特別的訓練。

會拿起這本書閱讀的你一定擁有實力，也一定很努力，能夠擬定好企劃，也具有執行能力，不過，就缺少那麼一項。

那就是在人前輕鬆說話。

若是能做到這點，工作進展就會更順利，獲得豐碩成果，也就能夠踏上充實的人生。口才變好，人生也會跟著改變。

仔細想想，有多少人就是因為口才笨拙而無法發揮原有的實力？有多少人每天都憂鬱地看待自己的工作？還有多少人每到了報告時，都緊張得不知所措？

身為前笨嘴男的我提筆寫這本書，希望能為上述的各位帶來些許的幫助。

不過，人哪，一旦做到了原本做不到的事，就很容易忘記以前做不到時的心境。

我現在幾乎每天都會給學生上課，也幾乎不再出現焦慮的情緒了。在課程中，我會適度地穿插幾則笑話，讓聽者不感覺厭煩、聽得津津有味；一邊講課的同時，也一邊設計課程內容，讓聽者能夠把課程內容記在腦中。

另外，研討會講師、企業顧問、評審會的評審等都是必須在人前說話的工作，現在的我也能夠輕鬆完成工作。

當然，以前的我是辦不到的。而今，我只記得我以前是笨嘴男，至於我是如何討厭說話、為何如此笨拙、阻礙到底是什麼等詳細的細節，都已經深深埋在記憶的角落。

這次，趁著寫這本書的機會，我重新面對當時的心情，回憶起當時的各種情境。口拙時懊惱的心情、難堪的情緒、無法脫離的狀況，各種場景被拉回現實，我又感慨萬千地重新想起：「啊，我以前的口才曾經那麼差呀！」

同時，我也再度確認，人是會改變的。至少，口才笨拙也可以變得能言善道。在會議中發言也一樣，知道方法就不難；提案獲得對方滿心的接受也是，只要知道方法就絕對辦得到。發表後，祈求不要有人發問的心態轉變為「別客氣，歡迎提問！」的心境，某種意義來說也是簡單就能達到的境界。

我試著把自己已經習慣的做法、平常沒有特別意識到的事情歸納為不同的方法，並撰寫成書，毫不藏私地分享給各位，希望能夠幫助各位輕鬆地付諸實現。

這對我自己也是非常有幫助的。再一次地清楚確認這三十七種方法，感覺自己的說話技巧又更進步了一些。

這世上存在著許多沒有幫助的常識。如果不知道其他的方法，就會不知不覺依循著這些無益的常識行動，而且還做不好。可以說，目前口才不好的人就是因為依循著無用的常識，重複無益的行動之故。

針對這樣的現象，這三十七種方法是我根據自身的苦痛經驗所研發整理，也在工作場合中通過有效的檢驗。笨嘴男是如何脫胎換骨的？這三十七種方法就是鎖定這個觀點所整理出來的有效技巧。

寫完這本書後再回頭重新閱讀一遍，我確信這本書的內容對口才笨拙的人一定會有幫助。

鑽石社書籍編輯局第一編輯部的武井康一郎先生，提供我許多在會議等場合中的諸多親身感受與建議。多虧武井先生的協助，使我能夠寫出易讀且具實踐性的內容。真的非常感謝。

另外，「作者的經紀人」Appleseed Agency公司的宮原陽介先生，從企劃階段就一直陪在我身邊給予支援，在此也致上我的感謝之意。

還有，我認識的各方親朋好友們、平常陪在我身邊的伙伴們，雖然在這裡無法一一指名，不過我也要藉此版面鄭重向各位道謝。因為有各位在我身邊為我加油、鼓勵，我才能站在今天的舞台上。

最後要祝福所有的笨嘴男（或是笨嘴女），希望你們能夠盡早脫離口才不佳的魔咒，在工作上獲得滿意的成果，並且過著充實的每一天。

笨嘴男，改名為 佐藤達郎

ideaman 172

人前不會緊張的37個説話術 **輕鬆開口、不再怯場！提升溝通力，主動出擊的超強説話力！**

原著書名——本番でアタマが真っ白にならないための 人前であがらない37の話し方
原出版社——株式会社ダイヤモンド社
作者——佐藤達郎
譯者——陳美瑛
企劃選書——劉枚瑛
責任編輯——劉枚瑛

版權——吳亭儀、江欣瑜、游晨瑋
行銷業務——周佑潔、賴玉嵐、林詩富、吳藝佳
總編輯——何宜珍
總經理——彭之琬
事業群總經理——黃淑貞
發行人——何飛鵬
法律顧問——元禾法律事務所 王子文律師
出版——商周出版
115台北市南港區昆陽街16號4樓
電話：(02) 2500-7008 傳真：(02) 2500-7759
E-mail：bwp.service@cite.com.tw
Blog：http://bwp25007008.pixnet.net./blog
發行——英屬蓋曼群島商家庭傳媒股份有限公司城邦分公司
115台北市南港區昆陽街16號8樓
書虫客服專線：(02) 2500-7718、(02) 2500-7719
服務時間：週一至週五上午09:30-12:00；下午13:30-17:00
24小時傳真專線：(02) 2500-1990；(02) 2500-1991
劃撥帳號：19863813 戶名：書虫股份有限公司
讀者服務信箱：service@readingclub.com.tw
城邦讀書花園：www.cite.com.tw
香港發行所——城邦（香港）出版集團有限公司
香港九龍土瓜灣土瓜灣道86號順聯工業大廈6樓A室
電話：(852) 25086231 傳真：(852) 25789337
E-mailL：hkcite@biznetvigator.com
馬新發行所——城邦（馬新）出版集團 Cité (M) Sdn Bhd
41, Jalan Radin Anum, Bandar Baru Sri Petaling,
57000 Kuala Lumpur, Malaysia.
電話：(603) 90563833 傳真：(603) 90576622
E-mail：services@cite.my

美術設計——copy
印刷——卡樂彩色製版印刷有限公司
經銷商——聯合發行股份有限公司 電話：(02) 2917-8022 傳真：(02) 2911-0053

2017年2月初版
2024年9月3日2版
定價380元 Printed in Taiwan 城邦讀書花園 www.cite.com.tw
ISBN 978-626-390-224-4
ISBN 978-626-390-218-3（EPUB）

國家圖書館出版品預行編目（CIP）資料

人前不會緊張的37個説話術：輕鬆開口、不再怯場!提升溝通力,主動出擊的超強説話力!/佐藤達郎著；陳美瑛譯.
-- 2版. -- 臺北市：商周出版：英屬蓋曼群島商家庭傳媒股份有限公司城邦分公司發行,
2024.09 200面；14.8×21cm公分. --（ideaman；172）
譯自：本番でアタマが真っ白にならないための：人前であがらない37の話し方 ISBN 978-626-390-224-4（平裝）
1.CST：職場成功法 2.CST：説話藝術 3.CST：人際關係 494.35 113010197

商周出版

廣		告		回				函
北	區	郵	政	管	理	登	記	證
台北廣字第000791號								
郵	資	已	付	，	免	貼	郵	票

115 台北市南港區昆陽街 16 號 8 樓

英屬蓋曼群島商家庭傳媒股份有限公司

城邦分公司

請沿虛線對摺，謝謝！

商周出版

書號:BI7172　　**書名**: 人前不會緊張的37個說話術　　**編碼**:

請於此處用膠水黏貼

商周出版

讀者回函卡

線上版讀者回函卡

感謝您購買我們出版的書籍！請費心填寫此回函卡，我們將不定期寄上城邦集團最新的出版訊息。

姓名：________________________ 性別：☐男 ☐女

生日：西元__________年__________月__________日

地址：________________________

聯絡電話：__________________ 傳真：__________________

E-mail ：

學歷：☐ 1. 小學 ☐ 2. 國中 ☐ 3. 高中 ☐ 4. 大學 ☐ 5. 研究所以上

職業：☐ 1. 學生 ☐ 2. 軍公教 ☐ 3. 服務 ☐ 4. 金融 ☐ 5. 製造 ☐ 6. 資訊

☐ 7. 傳播 ☐ 8. 自由業 ☐ 9. 農漁牧 ☐ 10. 家管 ☐ 11. 退休

☐ 12. 其他________________________

您從何種方式得知本書消息？

☐ 1. 書店 ☐ 2. 網路 ☐ 3. 報紙 ☐ 4. 雜誌 ☐ 5. 廣播 ☐ 6. 電視

☐ 7. 親友推薦 ☐ 8. 其他________________________

您通常以何種方式購書？

☐ 1. 書店 ☐ 2. 網路 ☐ 3. 傳真訂購 ☐ 4. 郵局劃撥 ☐ 5. 其他______

您喜歡閱讀那些類別的書籍？

☐ 1. 財經商業 ☐ 2. 自然科學 ☐ 3. 歷史 ☐ 4. 法律 ☐ 5. 文學

☐ 6. 休閒旅遊 ☐ 7. 小說 ☐ 8. 人物傳記 ☐ 9. 生活、勵志 ☐ 10. 其他

對我們的建議：________________________

____

____

請於此處用膠水黏貼

Idea
man